吉安市中心城区通风廊道构建研究

田莉 著

U0306875

中国农业科学技术出版社

图书在版编目（CIP）数据

吉安市中心城区通风廊道构建研究 / 田莉著. --北京：中国农业科学技术出版社，2022.8

ISBN 978-7-5116-5843-2

Ⅰ.①吉… Ⅱ.①田… Ⅲ.①城市环境－通风－研究－吉安 Ⅳ.①X821.256.3

中国版本图书馆CIP数据核字（2022）第 131335 号

本书地图经江西省自然资源厅审核

审图号：赣S（2022）116号

责任编辑 申 艳
责任校对 马广洋
责任印制 姜义伟 王思文

出 版 者 中国农业科学技术出版社
　　　　　北京市中关村南大街 12 号　邮编：100081
电　　话 （010）82106636（编辑室）　（010）82109702（发行部）
　　　　　（010）82109709（读者服务部）
网　　址 https://castp.caas.cn
经 销 者 各地新华书店
印 刷 者 北京建宏印刷有限公司
开　　本 148 mm×210 mm　1/32
印　　张 3.875
字　　数 105 千字
版　　次 2022 年 8 月第 1 版　　2022 年 8 月第 1 次印刷
定　　价 48.00 元

F 序 言

Foreword

　　积极应对气候变化逐渐成为全球共识。城市化的推进将进一步加剧气候变化带来的影响，导致热岛效应、城市风环境恶化、环境舒适度下降、能源消耗增加、污染物扩散减缓，从而带来城市温度升高、空气质量下降以及生态环境恶化等不利后果。自然通风对于驱散城市排放废热和近地面污染物至关重要，为适应新型城镇化发展和国土空间规划需要，避免城市局地气候的进一步恶化，城市通风已成为城市建设和规划中非常重要的环境因素。

　　从2014年颁布的《国家新型城镇化规划（2014—2020年）》《国家应对气候变化规划（2014—2020年）》，到2015年颁布的《全国城市生态保护与建设规划（2015—2020年）》《城市生态建设环境绩效评估导则（试行）》和2016年制定的《城市适应气候变化行动方案》，均明确指出需要将气象和大气质量纳入城市生态环境评估，加强气候对城市规划的引领，优化城市功能和空间布局等。党的十九大报告指出，建设生态文明、推进绿色发展是新时代坚持和发展中国特色社会主义的重要环节；将"必须树立和践行绿水青山就是金山银山的理念"写入了中国共产党的党代会报告，以解决城市无序蔓延、交通拥堵、房价高涨、大气污染等问题为重点，同时要尊重自然、师法自然，进一步加强城市设计。《自然资源部关于全面开展国土空间规划工作的通知》对城市通风廊道的格局和控制提出了要求。

吉安市是"红色摇篮"井冈山的所在地，自古耕读文化兴盛，被誉为"江南望郡""金庐陵"。近年来，吉安市城市建设迅速发展，城市面积快速扩张，城市人口显著增多。城市内外的温度差距增大，城市热岛现象尤为严重。吉安市为全面贯彻执行《城市适应气候变化行动方案》和《自然资源部关于全面开展国土空间规划工作的通知》的要求，改善和调节城市建成区内的通风环境和热舒适度，打造一个气候友好型城市，最终实现吉安市打造美丽中国"江西样板"的目标，在开展《吉安市城市总体规划（2017—2035）》修编工作中设立了吉安市中心城区通风廊道构建专题，以吉安城市气候环境治理为导向，针对城市风环境、热环境和通风能力，分析了气候环境对城市规划布局的影响，提出了城市通风廊道、城市热岛调控对策、局地地块气候环境优化等多种城市规划策略。将城市气候学研究转译为城市规划语言，使城市气候融入城市规划，最终服务于城市规划与管理应用。

本研究由江西省吉安市自然资源局委托项目"吉安市中心城区通风廊道构建专题研究"［JXRC（JA）-2019-CG76］资助，中科吉安生态环境研究院、中国科学院地理科学与资源研究所、中国气象科学院合作完成。该书中的数据翔实可靠，编写严谨规范，结果合理可信。利用便携式自动气象站，在规划的主、次通风廊道及同区域非廊道处周边小区等地点，选取晴空且主导风向与常年/季节主导风向一致的典型天气进行气象要素的观测，并对比每分钟气温、风速、湿度的观测结果，评估通风廊道规划效果，有效验证了通风廊道具有气温偏低、风速偏大的特征，并根据监测结果、城市下垫面现状和城市通风现状绘制了城市气候空间区划图。研究结果对吉安市中心城区城市热岛效应防治工作具有重要的指导意义。该书可供从事城市通风廊道研究的科研人员、有关决策者、相关专业学生等阅读参考。

2022年5月11日

P 前 言
reface

    随着中国城市化进程的持续推进，愈发粗糙的城市下垫面和高度集中的人为热排放将共同形成特殊的城市气候环境，主要表现为城市弱风及热岛加剧，其中，近地层风场条件的变化是城市化影响局地气候的一个重要方面。复杂建筑物的存在增加了城市下垫面的粗糙度，降低了城市街区内部的空气流通效率，增加了城市局部地区的热岛强度，特别是受到大密度高层建筑的影响，城市的通风环境和气候舒适度明显下降。因此，城市通风已成为城市建设和规划中必须考虑的重要环境因素。

    为保证郊区洁净的空气顺利导入城市，通过气象观测数据分析及数值模拟研究了吉安市的基本气候条件和背景风环境；利用遥感和地理信息系统技术对城市内外绿源（即吉安市中心城区建设区外围山、水、林、田、湖等自然资源），以及热岛空间分布进行计算；并依据建筑高度、建筑密度和土地利用数据，对集中建设区地表通风能力以及影响中心城区通风廊道构建的、与中心城区紧密相邻的小城镇用地布局及建筑高度等进行深入分析；在对吉安市整体风环境、热环境和地表通风潜力科学评估的基础上，提出诸如城市通风廊道、城市热岛效应调控及重点地块气候环境优化等城市规划和管控策略，为改善城市风环境、促进空气流通、缓解并减轻热岛效应、提高城市规划的合理性、提升吉安市宜居品质等方面提供气象科技支撑。

由于时间有限，书中难免存在不足之处，敬请广大读者批评指正。

作者

2022年4月15日

目 录

Contents

第一章　绪　论

1.1　研究背景

1.1.1　城市化造成局地气候显著变化，已成为制约和影响城市可持续发展的重要因素

随着城市化进程的推进，大量人为景观的涌现，改变了区域的下垫面，使城市局地气候发生显著变化。其中，近地层风场条件的变化是城市化影响局地气候的一个主要方面。大量建筑物的存在增加了地表的粗糙度，降低了城市的平均风速，进而减少了城市街区内部的空气流通效率，增加了城市内部的热岛强度[1-2]，使市的通风环境和气候舒适度明显下降[3-4]。因此，城市风环境已成为城市规划建设中必须考虑的重要环境因素[5-6]。气候与城市规划互相影响和制约，城市规划不仅需要适应区域气候条件，更需要通过城市自身的合理空间配置来缓解因城市化引起的城市气候环境问题[7]。要建设生态文明城市、实现城市可持续发展、保持城市生态平衡和城市居住环境优美，气候条件是重要的因素之一[8]。反之，只有实现科学管理城市、合理进行城市规划设计，才能形成良好的城市气候环境[9-11]。

1.1.2 适应新型城镇化发展和国土空间规划需要，加强气候引领

从2014年《国家新型城镇化规划（2014—2020年）》《国家应对气候变化规划（2014—2020年）》，到2015年颁布的《全国城市生态保护与建设规划（2015—2020年）》《城市生态建设环境绩效评估导则（试行）》和2016年国家发展改革委和住房城乡建设部联合印发的《城市适应气候变化行动方案》，均明确指出需要将气象和大气质量纳入城市生态环境评估，城市建设实行绿色规划，实施生态廊道建设，加强气候对城市规划的引领，优化城市功能和空间布局等。党的十九大报告指出，建设生态文明、推进绿色发展是新时代坚持和发展中国特色社会主义的重要环节。树立和践行"绿水青山就是金山银山"理念，解决城市无序蔓延、交通拥堵、房价高涨、大气污染等问题，同时要尊重自然、师法自然，进一步加强城市设计。《自然资源部关于全面开展国土空间规划工作的通知》对城市通风廊道的格局和控制提出了要求。

1.1.3 贯彻生态文明战略，打造美丽中国"江西样板"

吉安市深入贯彻落实党的十九大工作会议精神，坚持人与自然和谐共生，牢固树立"绿水青山就是金山银山"的绿色发展理念，把生态文明纳入吉安市经济社会发展的各方面和全过程，以提高发展质量效益和群众获得感为立足点，着力加强生态建设与环境保护，转变城市发展方式，推进绿色崛起，保护传承历史文化，提升发展质量与人民生活品质，延续城市特色，实现人与自然和谐共生和城市可持续发展。为实现实施生态优先战略、打

造美丽中国"江西样板"的目标，吉安市在开展《吉安市城市总体规划（2017—2035）》修编工作中设立了吉安市中心城区通风廊道构建专题，以吉安城市气候环境治理为导向，针对城市风环境、热环境和通风能力，分析了气候环境对城市规划布局的影响，提出了城市通风廊道构建、城市热岛调控对策、局地地块气候环境优化等多种城市规划策略。将城市气候学研究转译为城市规划语言，使得城市气候融入城市规划，最终服务于城市规划与管理应用。

1.2 研究目的及意义

1.2.1 解决现实问题

城市过度的开发建设，将导致一系列不可逆的气候与城市环境影响[12]。例如，在市郊的河湖、山前、湿地公园等新鲜空气产生地大量新增建设用地，降低植被覆盖度，将直接减少补偿空间产生清洁湿冷空气的能力；在主导风向上游布局有污染排放的工业园区/开发区，或布局高密度、高层建筑，将直接导致流入城市内部的风速降低、空气质量下降；城市持续扩张，尤其是城市建设用地边界高强度的开发，将使城市核心区内部更加密不透风，间接恶化核心区的风环境条件，导致热岛效应强度增强、室外活动舒适度下降等一系列对城市环境品质的不利影响，不利于城市可持续发展。

城市通风廊道构建主要指利用江河、湖泊、山谷等自然通风道和人工建立的绿地、水体以及城市主干道来引导城市空气流动、改善城市空气品质的技术手段[12-16]。其以合法保护与建设有利于城市气候的土地为出发点，在城市中留出一定的通道，有效串联起利于水土保持和动植物生态系统发展的生态用地，加快城乡空气交换[14-18]。城市通风廊道的构建是提升城市空气流通能力、缓解城市热岛、改善人体舒适度、降低建筑物能耗的有效措施，对局地气候环境的改善有重要作用。

1.2.2 纳入现行规划体系

搭建城市通风廊道系统，并将其纳入现行城市规划与国土空间开发利用体系，在未来城市开发建设或城市更新中，提出切实可行的应对措施和未来城市形态建设管控要求，预留未来城市发展可持续利用的气候资源[18-23]，从而缓解城市的热岛效应与污染问题，减少城市开发建设对城市环境带来的负面影响，同时改善城市微气候环境，提升城市宜居性[23-29]。

1.2.3 实现目标愿景

为建成美丽中国"江西样板"示范城市和社会主义现代化山水宜居宜游城市，全面提升吉安市生态环境质量，探索出具有地方特色、可推广的美丽中国"江西样板"发展模式与路径，为居民提供更加便捷、更具品质的生活环境，成为天蓝、地绿、水净、森林环绕的生态型山水城市。

1.3 研究技术路线

首先，对吉安市的整体风环境进行评估，分析作用空间、补偿空间与空气引导通道。其次，结合相关规划的控制内容，提出通风廊道的划定标准，划定一级、二级、三级通风廊道。最后，参考先进城市控制的相关指标类型，结合吉安市的实际情况，确定廊道内外的用地控制指标。技术路线见图1-1。

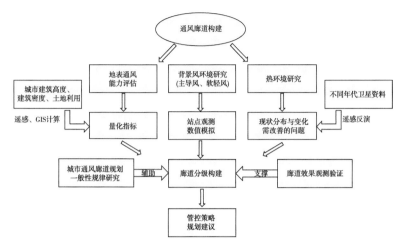

图1-1 通风廊道研究技术路线

1.3.1 城市通风廊道体系构建与划定标准

城市通风廊道分廊道（含入风口）、补偿空间、作用空间3类要素。廊道以及补偿空间分级管控，作用空间分类管控。

按照通风廊道的影响力、功能分三级控制。

一级廊道：是贯穿城市的通风廊道。具有串联城市级补偿空间、保障城市整体通风能力、缓解热岛效应及提升清洁空气通风量的功能。

二级廊道：是联系组团的通风廊道。具有串联组团级补偿空间、衔接一级通风廊道、保障片区通风能力的功能；部分二级廊道承担污染物颗粒输送的功能。

三级廊道：是联接街区的通风廊道。具有串联组团级或地块级补偿空间、衔接二级通风廊道、改善街区通风环境条件的功能。

按照补偿空间[30]的影响力、功能分三级控制。

（1）城市级补偿空间　城市生态用地连绵成片的生态空间，为市域范围提供新鲜冷空气的气候资源区。

（2）组团级补偿空间　生态用地集中连片的生态空间，为城市不同组团提供新鲜冷空气的地方性气候资源区。

（3）地块级补偿空间　具有一定规模的生态空间，为组团内部提供新鲜冷空气的微气候资源区。

按照作用空间的类型分两类控制。

（1）直接作用空间　指位于廊道周边或补偿空间周边的、新鲜冷空气直接作用的空间。具有将新鲜冷空气进行对外扩散传导的功能。

（2）一般作用空间　指除直接作用空间外的其他作用空间。

1.3.2　通风廊道分级与划定标准

（1）一级廊道划定标准　与主导风向平行或与其夹角小于30°；廊道宽度一般大于等于500 m，穿越城市已建成区的可适当降低标准，但最低不得小于200 m；长度大于5 000 m并贯穿城市。

（2）二级廊道划定标准　与主导风向或次主导风向平行或与其夹角小于30°；廊道宽度大于等于80 m，长度大于1 000 m并贯穿城市组团[31]。

（3）三级廊道划定标准　与主导风向或次主导风向平行或与其夹角小于30°；廊道宽度大于等于50 m。

1.3.3　补偿空间分级与划定标准

（1）城市级补偿空间　区域内生态用地应大于20 km²，主要为连绵成片的大规模林地、水体等生态用地。

（2）组团级补偿空间 区域内生态用地应大于4 km²，主要为具有一定面积的林地、绿地、水体等生态用地。

（3）地块级补偿空间 区域内生态用地规模应大于等于10 hm²，主要为绿地、水体等生态用地。

1.3.4 作用空间划定标准

（1）直接作用空间 直接作用空间由一级通风廊道两侧100 m范围内用地，二级廊道两侧50 m范围内用地，三级廊道两侧20 m范围内用地，区域级、城市级补偿空间周边300～500 m范围内用地，组团级补偿空间周边30 m范围内的用地组成。

（2）一般作用空间 从促进自然通风角度，引导地块的规划结构、空间模式与直接作用空间的布局、形态形成差异，避免下垫面同质造成温度梯度的减小。

1.4 研究依据

按照国家新型城镇化建设要求，具体依据以下指导文件：

· 《中华人民共和国气象法》；
· 《地面气候资料30年整编常规项目及其统计方法》（QX/T 22—2004）；
· 《地面气象观测规范第1部分：总则》（QX/T 45—2007）；
· 《气候可行性论证管理办法》；
· 《城市总体规划气候可行性论证技术规范》（QX/T 242—2014）；
· 《气候可行性论证规范 城市通风廊道》（QX/T 437—2018）；
· 《城市总体规划气候可行性论证技术》（GB/T 37529—2019）。

1.5 术语与定义[12]

1.5.1 城市通风廊道

由空气动力学粗糙度较低、气流阻力较小的城市开敞空间组成的空气引导通道，以提升城市的空气流动性、缓解热岛效应和改善人体舒适度为目的，对局地气候环境的改善有着重要的作用。

1.5.2 风场

亦称为流场，即风的空间分布。一般是由于地表特征或土地利用的水平非均匀性，形成局地风场或局地环流，如海边、山谷、城市等地带会形成海陆风、山谷风、城市风等。

1.5.3 风环境

是指室外自然风在城市下垫面或自然地形地貌影响下形成的风场。

1.5.4 风玫瑰图

是根据某一地区一定时期内各个风向和风速的平均发生频率，一般多用16个方位表示。玫瑰图上所表示的风的吹向（即风的来向）是指从外面吹向地区中心的方向。

1.5.5 主导风向

又称盛行风向，指在给定时段内出现频率最高的风向。

1.5.6 软轻风

风速为 $0.3 \sim 3.3$ m/s（或 $0.5 \sim 3.5$ m/s）的风，风级为1级和2级。

1.5.7 局地风

是指在局部地区由于地形影响而形成的空间和时间尺度都比较小的所谓地方性风，主要有海陆风、山谷风、过山气流、城市风等。

1.5.8 山谷风

是指由于山坡上和坡前谷中同高度上自由大气间有温差而形成的地方性风。由于山顶与谷底附近空气之间的热力差异，白天风从谷底吹向山顶，这种风称为谷风；夜晚风从山顶吹向谷底称为山风。山风和谷风总称为山谷风。山谷风是以24 h为周期的一种地方性风。

1.5.9 热环境

又称环境热特性，是指由太阳辐射、气温、周围物体表面温度、相对湿度与气流速度等物理因素组成的作用于人、影响人的冷热感和健康的环境。它主要是指自然环境、城市环境和建筑环境的热特性。

1.5.10 城市热岛

是指城市气温高于郊区的现象，城市热岛强度通常定义为城市与郊区气温之差，实测的平均城市热岛强度即城区气象站与郊区气象站平均气温之差。

1.5.11 人体舒适度

是指人类机体对外界气象环境的主观感觉，有别于大气探测仪器获取的各种气象要素结果。人体舒适度指数是为了从气象角度评价在不同气候条件下人的舒适感，根据人类机体与大气环境之间的热交换而制定的生物气象指标。

1.5.12 建筑密度

一定地块内所有建筑物的基底总面积占用地面积的比例。

1.5.13 天空开阔度

又称天穹可见度、天空可视因子，受周边建筑或环境遮蔽的程度。它反映了城市中不同街区的几何形态，可影响地表能量平衡关系，改变局地空气流通。

1.5.14 粗糙度长度

表征下垫面粗糙程度的一个量，代表近地面平均风速（扣除湍流脉动之后的风速）为零时的高度，具有长度的量纲。

1.5.15 通风潜力

由地表植被、建筑覆盖及天空开阔度确定的空气流通能力。

1.5.16 绿源

又称冷源，是指在城区或郊区中有一定面积、能改善气象环境的水体、林地、农田以及城市绿地。

1.5.17 入风口

是指为提高通风廊道的入风量，在补偿空间向作用空间或高等级通风廊道向低等级通风廊道过渡的位置所划定的需要控制开发建设的空间。

1.5.18 城市气候补偿空间

是指可作为良好气候资源加以保护和利用的空间，主要为通风良好、空气清洁、热压小的区域。

1.5.19 城市气候作用空间

是指亟须对其气候环境状况进行改善的较差气候空间，主要为城镇目前已建成区域。

1.5.20 城市气候敏感空间

是指因下垫面调整而产生气候环境改变敏感程度较高的气候空间，主要为城镇周边与气候资源空间相接的区域。

1.5.21 城市气候环境分析

是指针对某一具体城市或区域开展的以气候环境问题为导向的研究过程。具体来讲，是要基于气象观测、城市形态分析、气象数值模拟等技术手段，结合该地区气候背景，对当地的风、热、水、辐射等气候要素及植被、水体、建筑、空气质量等环境要素进行分析和多方案比较的评估过程。

1.5.22 城市气候规划建议

是指在气候环境分析的基础上，针对城市的自然、人文、气候以及未来发展态势，提出有利于城市未来发展的规划建议。

1.6 主要研究内容

1.6.1 基本气候特征分析

收集吉安市域范围内国家级及区域级气象观测站多年观测的风速、风向、气温、降水、湿度、气压等资料，分析各气象要素历年变化特点和空间分布差异，总结吉安市气候变化的基本特征，支撑吉安市通风廊道构建。

1.6.2 城市气候与城市空间布局关系研究

收集并整理吉安市地形高度与坡度、山体与水域等基本自然地理数据，以及城市、人口、建筑、交通、下垫面等社会经济数据，研究气候环境与城市空间布局的关系，分析吉安市城市气候与城市建设的相互作用和影响。

1.6.3 风环境研究

（1）市域范围背景风环境分析 利用收集到的国家级气象观测站点风速、风向资料，分析平均风速变化趋势、季节变化特征和空间分布差异，绘制年平均和各季节平均风玫瑰图和软轻风风玫瑰图，确定风频较高的风向来源。

（2）中心城区精细化风场分析 利用收集到的区域级自动气象站风速、风向观测资料，分析中心城区主导风向的空间分布特征，并结合地形和土地利用，研究地形、城市空间布局与风场的关系。

（3）风环境状况综合判断 综合上述研究，确定吉安市新鲜空气来源、局地风环境变化规律及空间分布、大风速区、小风速区、空气易聚集区域等，得到风环境分析底图。

1.6.4 热环境空间分布及变化研究

利用气象观测资料，统计吉安市年平均气温、增温速率等的长时间序列变化趋势。利用高分辨率遥感资料，反演不同年代吉安市地表温度，计算地表热岛空间分布特征，分析热环境与城市用地空间布局、城市发展的关系。同时，研究对吉安市气候环境补偿效应显著的生态绿源分布及等级变化，得到热环境分析底图，为缓解城市热岛、构建通风廊道、规划用地空间布局提供支撑。

1.6.5 中心城区地表通风潜力评估

利用建筑基础地理信息数据和地理信息技术，计算吉安市中心城区范围内的地表粗糙度及天空开阔度，评估其地表通风能力，作为通风廊道构建的重要依据。

（1）地表粗糙度计算 利用建筑物位置、建筑高度、建筑覆盖度地理信息数据，结合高分辨率卫星遥感及土地利用资料，计算中心城区的地表粗糙度。

（2）天空开阔度提取 利用建筑地理信息数据，计算人站在地面所能看到的不受任何遮挡的天空可视范围角，即天空可视因子（SVF），也称为天空开阔度。

（3）地表通风潜力评估及通风潜力空间分析图绘制 利用计算的地表粗糙度和天空开阔度，对地表通风潜力进行计算和等级划分，并考虑地形阻挡和植被的影响，绘制通风潜力底图，确定现有建设条件下通风潜力较大的地带，为构建通风廊道提供基础。

1.6.6 通风廊道规划及重点地块气候环境优化策略

（1）通风廊道构建及规划管控建议 调研国内外城市通风

廊道构建方案，并基于上述研究，确定针对吉安市中心城区实际情况的通风廊道构建原则。根据风场特征、通风潜力分布、生态气候环境等，建立吉安市主通风廊道和次级通风廊道系统，并说明廊道路径、宽度、走向，对廊道内部及周边用地和建筑布局形式等提出规划管控策略。在廊道上游、廊道内部及廊道周边开展不同典型个例天气条件下的现场观测，并对观测数据进行分析评估，验证通风廊道的作用效果。

（2）重点地块城市开发设计空气流通指引 重点关注对人体舒适度产生影响的易聚集的小风速区、通风较差地区和热岛较强地区，分别建立现状下和规划后的建筑物模拟模型，采用气象数值模拟的方法，分析现状和不同规划方案下的建筑迎风面积密度，绘制重点地块及周边风场分布图，针对有碍通风的地块给出建筑空间布局及管控建议。

数据资料与研究区概况

2.1 数据资料

2.1.1 数据资料收集

（1）气象资料　本研究收集了吉安市所有国家级气象观测站历史观测资料，主要包括吉安市城区及所管辖县市所有国家级气象站1981—2018年风向、风速、气温、相对湿度等逐日气象观测资料；100多个区域级高密度自动气象站近5年逐小时观测资料；作为数值模拟边界条件的大气再分析资料，空间分辨率不低于20 km，时间分辨率不低于6 h。

（2）规划和土地利用资料　规划和土地利用资料主要包括，带比例尺的现状和规划用地类型图，或根据规划范围处理后的现状和规划用地类型电子数据（矢量）；控制性详细规划中的容积率等城市建设强度相关数据。

（3）卫星遥感资料　Landsat8卫星资料：吉安市2005年7月18日、2011年8月20日和2017年8月20日成像的30 m空间分辨率晴空Landsat8 OLI和TIRS传感器数据，前者主要用于土地利用类型提取、绿量估算、生态绿源提取，后者主要用于地表温度反演和热岛估算等。

（4）地理信息资料 覆盖规划范围的1：2 000高分辨率"居民地与建筑"图层地理信息数据，包括建筑高度和建筑密度，主要用于城市建筑形态特征提取。

（5）其他资料 与城市通风廊道气候可行性论证有关的其他资料，包括至少最近3年的年度环境空气质量报告书、大气环境监测资料、统计年鉴、重大规划或工程项目大气环境影响评价报告等权威可靠的关于规划城市通风廊道、生态环境、产业发展、重点污染企业等方面的资料。

2.1.2 数据资料处理

（1）气象站选择 气候背景分析所用站点选择：选择能代表区域气候背景特征的气象站，连续观测应不少于30年，测风环境基本保持长年不变或具备完整的迁站对比测风记录，观测数据经过了气象部门的质量控制。

城市通风廊道分析所用站点选择：选择位于或邻近拟规划通风廊道的气象站，其中邻近通风廊道的气象站与廊道的直线距离宜小于2 km，选择的气象站及分布应有局地代表性，同时增加代表天气下现场对比观测。

（2）资料质量控制 按照《气象观测资料质量控制 地面》（QX/T 118—2020）的要求，对所用气象资料进行质量控制，剔除缺测和异常值。对于规划、土地利用和遥感资料，如果规划范围包含两景以上影像，则进行拼接处理；如果影像定位不准，则至少选择20个以上控制点进行几何位置校正，并通过投影和裁剪功能，处理成与规划范围一致、基于2000国家大地坐标系的栅格数据。

2.2　研究区概况

2.2.1　地理位置与地形分布

　　吉安市位于江西省中部，赣江中游，西接湖南省，南揽罗霄山脉中段，地理位置介于北纬25°58′32″～27°57′50″、东经113°48′～115°56′之间。吉安市地形以山地、丘陵和河谷平原为主，可概括为"七山半水两分田，半分道路和庄园"。其中东、南、西三面环山，山地占全市总面积的51%。中山为海拔1 000～2 000 m的山地，面积约1 920 km²；低山为海拔500～1 000 m的山地，面积约5 352 km²，沿吉泰盆地的四周分布，形成"盆缘"。丘陵约占全市总面积的23%，其中，高丘海拔为200～500 m，面积约4 515 km²，广泛分布在境内中部地带，多与低山相接或镶嵌；低丘海拔100～200 m，面积约7 052 km²，是境内面积最大的一种地貌类型。中部地势低平，河流汇聚，形成窄长的河谷平原，平原与岗地约占全市总面积的22%，岗阜台地海拔为50～100 m，包括低丘向河谷延伸部分的岗地和由河流流水冲积物堆积而成的洪积、冲积台地（河谷阶地）两大部分，面积约1 905 km²，均沿赣江及主要支流两岸呈带状分布；河谷平原分为干流谷地和溪流谷地两大类，面积约4 388 km²。境内溪流河川、水系网络酷似叶脉，赣江自南而北贯穿其间，将吉安市切割为东西两大部分，其地理位置和地形分布深刻影响吉安市的整体风环境、热环境和大气质量。

2.2.2　研究范围

　　吉安市辖吉州区、青原区、井冈山市和吉安县、泰和县、万安县、遂川县、永新县、永丰县、吉水县、峡江县、安福县、新干县2区1市10县，全市南北长约218 km，东西宽约208 km，总面积2.53万km²，2018年常住人口495.66万人，全市城镇化率达47.8%，中心城区建成区面积达75 km²。本研究重点针对《吉安市城市总体规划（2017—2035）》确定的中心城区范围，包括吉州区兴桥、长塘、樟山、曲濑、禾埠5个镇及街道，青原区天玉、富滩、值夏、文陂4个乡镇，吉安县敦厚、横江、凤凰、永和、桐坪5个乡镇。中心城区面积为1 280 km²。其中，通风廊道中心城区范围：北至樟山镇翠屏路，西至西四乡公路、樟吉高速，南至凤凰工业园，东至赣江、东外环线，总面积约416 km²，包括吉州区、青原区以及吉安县城市建设集中区域及未来城市建设需要加强土地用途管控的区域，具体见图2-1。

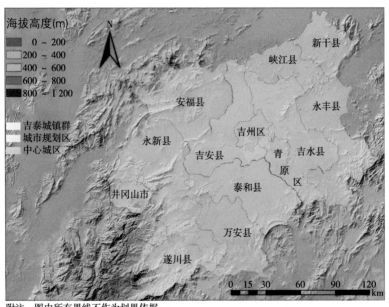

附注：图内所有界线不作为划界依据。

图2-1 吉安市地形高度空间分布

2.2.3　气候状况

吉安市属亚热带季风气候区，雨量丰沛，光照适宜，热量充足，气候资源丰富，具有春秋短而夏冬长、雨热同季等气候特点。由于受太阳辐射、大气环流和地理环境的影响，春季易出现低温阴雨天气和雷雨大风、冰雹、强降水等强对流天气；初夏是一年中降水最集中的时期，常出现暴雨和连续性暴雨，造成严重的洪涝灾害，7月进入盛夏后以晴热高温天气为主，极端最高气温可达40℃以上；秋季降水少，干旱明显，中度以上干旱出现频率为60%左右；冬季受季风控制，常出现大风降温和雨雪冰冻天气。

吉泰盆地特殊的地形——三面环山，令水汽和热空气回流聚集不宜扩散，不利于空气流通，加之赣江水体的增湿效应，使吉安市在潮湿的洼地、盆地中易多发大雾天气，严重时能见度不足200 m，常造成高速公路封闭、航班延误、交通堵塞等现象。同时，雾和空气中的污染物质结合在一起还会对人的身体健康带来很大的危害。其中，冬春季雾日较多，尤以12月至翌年1月出现次数最多。山区较平原多雾，全市以井冈山市全年雾日最多，平均每年110d有雾，以安福县、遂川县雾日最少，全年平均8 d。

2.2.4　自然资源

吉安市的自然环境是城市形成的物质基础，在诸多自然环境要素中，地形和水文是影响吉安市城市空间结构形成的主导因素。吉安市独特的地形构造与地势差异形成"一江、两山、三河"的整体山水格局。

（1）一江　赣江。以赣江为中轴，有28条大小支流汇入，各河水流域总面积约29 000 km²，水资源总量为196.75亿m³，水量丰盈，水力资源充沛。全市现有水库1 206座，蓄水量达19亿m³，串联主要文化景观集中区，是传承庐陵文化，突显城市特色的主脉。

（2）两山　青原山、大东山。依托自然山体与历史文化资源，形成两个自然与人文主题区。山区植被茂密，森林覆盖率达66%，植物种类繁多，是国内杉木、湿地松、毛竹、油茶等经济林的重要生产基地。吉安市先后获中国优秀旅游城市、全国双拥模范城市、国家森林城市、国家园林城市、全国绿化模范城市称号。

（3）三河　禾河、恩江、富水。禾河以湿地自然景观资源为特色，加强自然生态的保护；恩江串联主要田园风光和传统村落，加强乡村田园景观的保护；富水串联主要红色景观资源，加强革命遗迹的保护。

2.2.5　城市建设发展趋势

中心城区空间结构演变呈多中心组团式发展，由城市主中心、赣江东侧的河东次中心区，以及禾河南侧的河南次中心区3个重要组团构成。其中，城市主中心由老城中心、城南综合服务中心和滨江商业文化中心共同组成。从各年份中心城区土地利用空间分布情况（图2-2至图2-4）来看，建成区面积不断扩大，其中城市主中心以城南综合服务中心增长最为显著，河东次中心区以河东经济开发区开发建设强度最强，河南次中心区则以井开区扩张最为明显。此外，北部吉州工业园，大量的农田、绿地被建设用地所替代，且与城市主中心有连片发展的趋势。

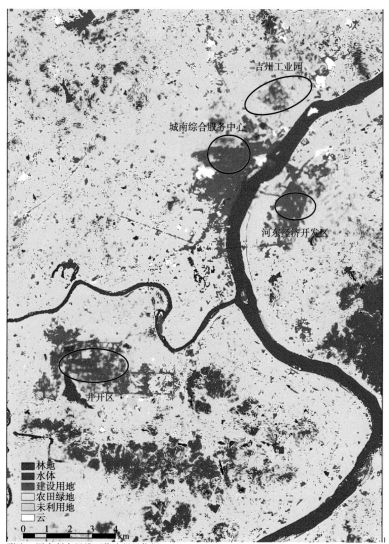

附注：图内所有界线不作为划界依据。

图2-2　中心城区2005年土地利用类型空间分布

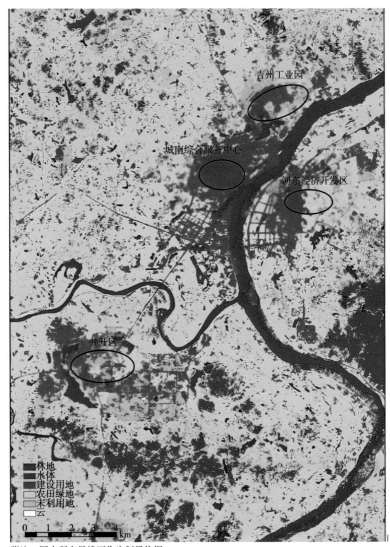

吉州工业园

城南综合服务中心

河东经济开发区

井开区

林地
水体
建设用地
农田绿地
未利用地
云

0　1　2　3　4 km

附注：图内所有界线不作为划界依据。

图2-3　中心城区2011年土地利用类型空间分布

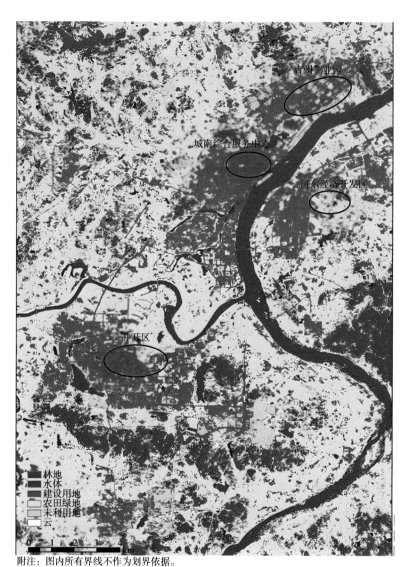

图2-4 中心城区2017年土地利用类型空间分布

未来西部地区作为城市的主要发展方向，集中建设高铁门户区域，集聚发展区域性生产服务业、科创研发和商贸服务业。东控：中心城区东部地区注重保护青原山-天玉山的生态景观，控制河东经济开发区向山体蔓延，适度培育休闲、文化与旅游服务功能。北优：中心城区北部地区以优化提升、工业转型发展为主，注入城市功能，实现产城融合发展。南展：中心城区南部地区打造产城适度融合的国家级经济技术开发区与高新区。中联：补缺短板、提升品质，加强吉安市区、吉安县城和井冈山经济技术开发区（井开区）的交通联系，实现功能互动和同城化发展。

第三章　风环境现状分析

3.1　市域风环境特征

根据吉安市代表站1981—2018年数据统计显示，年平均风速1.9 m/s，呈明显下降趋势，下降速率达0.31 m/（s·10 a）（图3-1）。其中，1981—1990年年平均风速为2.4 m/s；1991—2000年年平均风速下降至2.0 m/s；2001—2010年年平均风速进一步下降至1.6 m/s；2011—2018年年平均风速1.5 m/s。

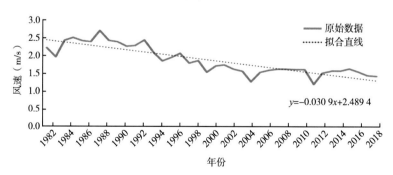

$y=-0.030\ 9x+2.489\ 4$

图3-1　吉安市1981—2018年年平均风速变化特征

从图3-2吉安市1981—2018年各季节平均风速比较来看，夏季风速最大，冬季和春季次之，秋季风速最小。从各季节风速变化趋势来看，春季（3月1日—5月31日）平均风速1.9 m/s，与1981—2018年年平均风速相等，整体呈下降趋势，下降速率达0.32 m/（s·10 a）。其中，1981—1990年春季平均风速2.4 m/s，与同年代年平均风速相等，显著高于1981—2018年年平均风速；1991—2000年春季平均风速2.1 m/s，2001—2010年春季平均风速1.7 m/s，都略高于同年代年平均风速，前者较1981—2018年年平均风速偏高，后者偏低；2011—2018年春季平均风速1.5 m/s，较同年代年平均风速偏低，较1981—2018年年平均风速明显偏低。

夏季（6月1日—8月31日）平均风速2.1 m/s，大于1981—2018年年平均风速，但整体呈下降趋势，下降速率达0.37 m/（s·10 a）。其中，1981—1990年夏季平均风速2.7 m/s，高于同年代年平均风速，且高于1981—2018年年平均风速；1991—2000年夏季平均风速2.3 m/s，高于同年代年平均风速，且高于1981—2018年年平均风速；2001—2010年夏季平均风速下降明显，仅为1.7 m/s，略高于同年代年平均风速，低于1981—2018年年平均风速；2011—2018年夏季平均风速保持在1.7 m/s，较同年代年平均风速偏大，说明此阶段夏季平均风速下降趋势有所放缓。

秋季（9月1日—11月30日）平均风速1.8 m/s，略低于1981—2018年年平均风速，整体呈下降趋势，下降速率达0.29 m/（s·10 a）。其中，1981—1990年秋季平均风速2.3 m/s，略低于同年代年平均风速，较1981—2018年年平均风速明显偏大；1991—2000年秋季平均风速1.8 m/s，低于同年代年平均风速，与1981—2018年年平均风速相近；2001—2010年秋季平均风速1.6 m/s，与同年代年平均风速相等，略低于1981—2018年年平均风速；2011—2018年秋季平均风速仅1.4 m/s，低于同年代年平均风速，且低于1981—2018年年平均风速，说明此阶段秋季平均风速下降更加明显。

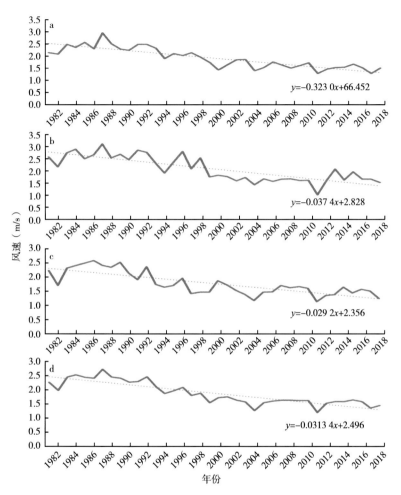

图3-2　吉安市1981—2018年季节平均风速变化特征
（a春季，b夏季，c秋季，d冬季）

　　冬季（12月1日—2月28日）平均风速1.9 m/s，与1981—2018年年平均风速相等，整体呈下降趋势，下降速率达0.31 m/（s·10 a）。其中，1981—1990年冬季平均风速2.4 m/s，与同年代年平均风速相等，显著高于1981—2018年年平均风速；

27

1991—2000年冬季平均风速2.0 m/s，与同年代年平均风速相等，略高于1981—2018年年平均风速；2001—2010年冬季平均风速1.6 m/s，与同年代年平均风速相等，低于1981—2018年年平均风速；2011—2018年冬季平均风速1.5 m/s，与同年代年平均风速相等，低于1981—2018年年平均风速。

图3-3、图3-4分别显示了2014—2018年5年吉安市的年及各季节平均风速空间分布。风速空间分布总体呈北大南小的特征，其中平原地区风速较大，集中在1.3 m/s以上；山区风速较小，基本在1.2 m/s以下。小风速区普遍集中在南部遂川县、万安县山区，永新县西部地区以及青原区和吉水县南部地区。

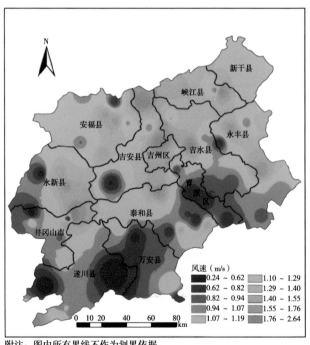

附注：图内所有界线不作为划界依据。

图3-3　吉安市2014—2018年年平均风速空间分布

根据吉安市1981—2018年国家级气象观测站统计数据分析，不考虑静风情况下，全年主导风向以北风为主，夏季南风风频最高，其他各季节主导风向均为北风。全年静风频率为18%，冬季静风频率最高，达21%，夏季静风频率最低，为14%。最大风速风频显示：全年北东北方向风速最大，北风次之。春季和夏季最大风速以南风和西南偏南风出现频率最高；秋季和冬季最大风速风向则表现为北风和东北偏北风（图3-5）。

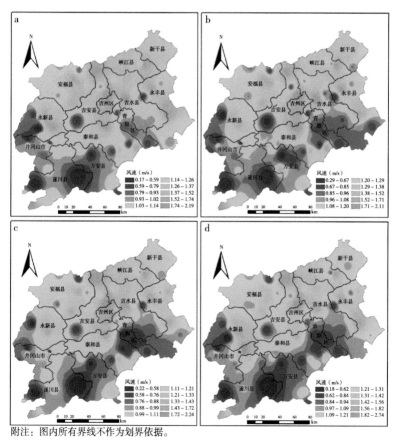

附注：图内所有界线不作为划界依据。

图3-4 吉安市2014—2018年季节平均风速空间分布

（a春季，b夏季，c秋季，d冬季）

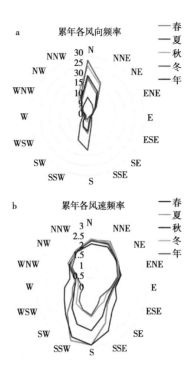

图3-5 吉安市1981—2018年及各季节风向、风速频率玫瑰图
（a风向频率，b风速频率）

由于地形与地理位置差异，不同地区有不同的风场局地特征，在局部地区形成空间和时间尺度都比较小的所谓地方性风。吉安市东南、西南和西北三面环山，中部为地势较低的河谷平原。受地形阻挡，气流运动的方向和速率发生改变，如东北部新干县、峡江县及东部永丰县，主要为偏东北风；西北部安福县，风场沿地形走势也转为偏西北风；西南部井冈山市、遂川县、永新县，风在山谷地区产生回流，形成风场辐合，不易扩散；中部及南部大部分地区以北风为主（图3-6）。

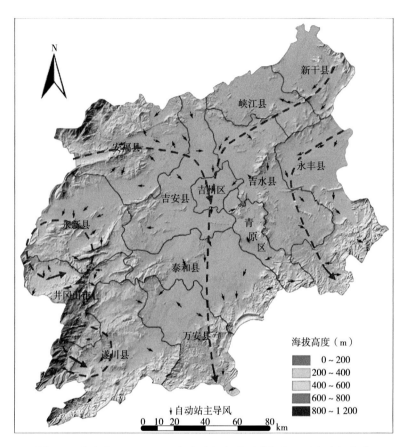

图3-6 吉安市2014—2018年自动气象观测站年主导风向空间分布

3.2 中心城区风环境特征

中心城区风场较为平直,以北风为主导风向,其中,东部受青原山地形影响,以东北—西南风为主,各季节软轻风风场特征如图3-7所示。

31

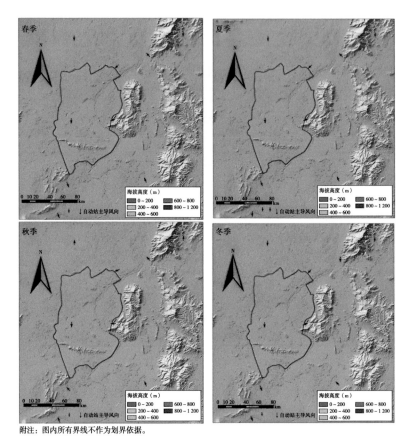

附注：图内所有界线不作为划界依据。

图3-7 中心城区2014—2018年自动气象观测站各季节主导风向空间分布

利用地面气象观测站点历史数据进行风环境评估，在空间特征分析上具有一定的局限性。为更详尽地分析吉安市风环境，利用WRF中尺度气象数值模式，通过多重嵌套降尺度，采用27 km、9 km、3 km、1 km的4重区域嵌套，最内层1 km分辨率地区覆盖整个吉安市中心城区范围。选取合适的物理过程参数化方案并调用城市冠层模型，模拟得到吉安市中心城区典型天气条件下1 km×1 km空间分辨率10 m高度风场。选择风速、主导风向与常年平均风速、主导风向均相近的晴好天气作为典型天气个例。中心城区年主导风向以北风为主，夏季多南风，因此最终选取2018年1月19日和2018年7月4日代表冬季和夏季典型天气。模拟时从典型天气个例日0:00往前12 h起，向后积分96 h，前24 h作为模式启动时间，取后72 h作为模拟结果。采用的物理过程参数化方案包括WSM6微物理过程方案、RRTM长波辐射和Dudhia短波辐射方案、ETA相似理论近地面层方案、BouLac边界层方案、Noah陆面过程方案、UCM城市冠层模型、Grell 3d积云对流方案。模拟结果科学地体现地形和城市下垫面对背景风场的影响，用以了解吉安市中心城区不同典型天气风场特征。

根据典型天气白天和夜晚风场/温度场模拟结果，颜色越红代表温度越高/风速越大，越蓝代表温度越低/风速越小，箭头长短代表风速大小。从图3-8、图3-9可以看出，吉安市夏季总体盛行南风，其中白天风速较大，夜晚风速较白天有所减小，无论白天还是夜晚，东部山前绿地，即青原山绿楔、稠塘水库风速较大，北部螺湖湿地公园以南—韶山西路以北地区和阳明东路—韶山东路地区风速较小，东部天玉山、青原山山区夜晚风速大于白天。夜晚受青原山影响，气流被山体阻挡产生绕流，使东部地区风场从南风转为偏东南风，而白天这一现象并不明显。青原山高植被覆盖的山区，无论白天还是夜晚，都是温度低值区，是新鲜空气的产生地。沿江路—后河东路路段的三中北路—新建路，由于处在赣江河后河两生态绿源之间，呈现低温中心特征，夏季白天气候舒适度较高。

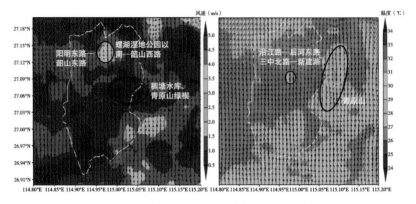

图3-8　中心城区夏季典型天气白天风场（左）/温度场（右）

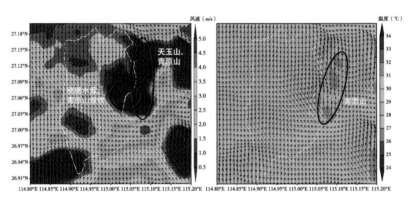

图3-9　中心城区夏季典型天气夜晚风场（左）/温度场（右）模拟结果

　　从冬季典型天气白天和夜晚风场/温度场模拟结果（图3-10，图3-11）可以看出，冬季总体盛行北风，风速整体较夏季偏小，表明冬季较夏季更不利于通风和扩散。其中白天以天华山和青原山绿楔一带风速较大，夜晚则以吉安三中—神岗山公园一带与真华山山区地带风速较大。

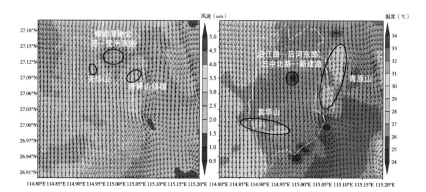

图3-10 中心城区冬季典型天气白天风场（左）/温度场（右）模拟结果

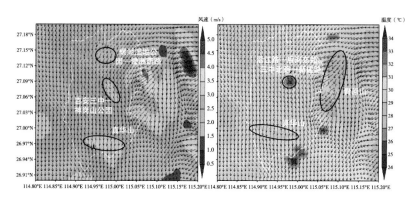

图3-11 中心城区冬季典型天气夜晚风场（左）/温度场（右）模拟结果

　　而螺湖湿地公园—鹭洲西路片区，无论白天还是夜晚都属于小风速区，需注意其通风和热舒适度问题。东部地区受青原山地形影响，在迎风面形成局地偏东北风，气流过山后，在背风面沿地形变为局地偏西北风，且山区气温较低，保持东部浅山地区东—西或东北—西南方向的开敞空间有利于将山区的新鲜冷凉空气带入城区。无论白天还是夜晚，沿江路—后河东路路段的三中北路—新建路之间均表现出较强的热岛效应，南部真华山和东部青原山则表现为冷岛效应。

第四章　热环境与生态格局分析

4.1　气温

吉安市现有国家级气象观测站点12个、区域自动气象站162个。考虑到数据时长和质量情况，气候分析以国家级气象观测站点数据统计为主，区域自动气象站为辅。吉安市年平均气温17.1～18.6℃，吉水县以南年平均气温大于18.0℃，吉水县以北低于18.0℃，南北差异1.5℃；最热月平均气温28.6～29.7℃，极端最高气温大多在40℃以上，全年日最高气温≥35℃的天数，一般为36 d左右，且以中部地区为最多，达40～50 d；最冷月平均气温5.1～6.8℃，极端最低气温-10.0℃～-6.0℃，其中吉水县以南高于-8℃，吉水县以北低于-9℃，南北差异4.1℃。

根据吉安市代表站——国家基本气象观测站（站号57799）分析结果（图4-1）：1981—2018年年平均气温18.8℃，呈显著上升趋势，增温速率为0.37℃/10 a。其中，1981—1990年年平均气温为18.3℃，低于1981—2018年平均气温0.5℃；1991—2000年年平均气温为18.7℃，低于1981—2018年平均气温0.1℃；2001—2010年年平均气温为19.1℃，高于1981—2018

年年平均气温0.3℃；2011—2018年年平均气温为19.3℃，高于1981—2018年年平均气温0.5℃。

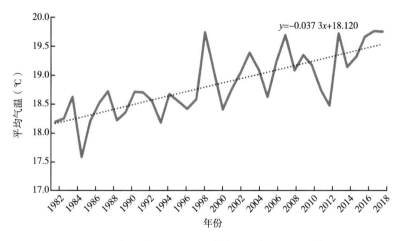

图4-1 吉安市1981—2018年年平均气温变化趋势

从吉安市代表站1981—2018年各季节气温变化特征来看（图4-2），春季（3月1日—5月31日）平均气温为18.4℃，呈上升趋势，增温速率为0.53℃/10 a，高于1981—2018年年平均增温速率。其中，1981—1990年春季平均气温为17.7℃，低于1981—2018年春季年平均气温0.7℃；1991—2000年春季平均气温为18.1℃，低于1981—2018年春季年平均气温0.3℃；2001—2010年春季平均气温为18.8℃，高于1981—2018年春季年平均气温0.4℃；2011—2018年春季平均气温为19.1℃，高于1981—2018年春季年平均气温0.7℃。

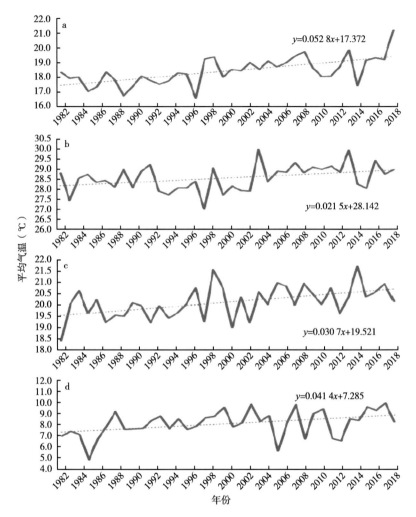

图4-2　吉安市1981—2018年各季节平均气温变化趋势
（a春季，b夏季，c秋季，d冬季）

夏季（6月1日—8月31日）平均气温28.6℃，呈上升趋势，增温速率为0.20℃/10 a，低于1981—2018年年平均增温速率。其中，1981—1990年夏季平均气温为28.4℃，低于1981—2018年夏季平均气温0.2℃；1991—2000年夏季平均气温为28.1℃，低于1981—2018年夏季平均气温0.5℃；2001—2010年夏季平均气温为28.8℃，高于1981—2018年夏季平均气温0.2℃；2011—2018年夏季平均气温为28.9℃，高于1981—2018年夏季平均气温0.3℃。

秋季（9月1日—11月30日）平均气温20.1℃，呈上升趋势，增温速率为0.31℃/10 a，低于1981—2018年年平均增温速率。其中，1981—1990年秋季平均气温为19.7℃，低于1981—2018年秋季平均气温0.4℃；1991—2000年秋季平均气温为20.0℃，低于1981—2018年秋季平均气温0.1℃；2001—2010年秋季平均气温为20.3℃，高于1981—2018年秋季平均气温0.2℃；2011—2018年秋季平均气温为20.5℃，高于1981—2018年秋季平均气温0.4℃。

冬季（12月1日—2月28日）平均气温8.1℃，呈上升趋势，增温速率为0.41℃/10 a，高于1981—2018年年平均增温速率。1981—1990年冬季平均气温为7.3℃，低于1981—2018年冬季平均气温0.8℃；1991—2000年冬季平均气温为7.8℃，低于1981—2018年冬季平均气温0.3℃；2001—2010年冬季平均气温为8.0℃，略低于1981—2018年冬季平均气温；2011—2018年冬季平均气温为8.1℃，与1981—2018年冬季平均气温相等。表明2000年后，冬季增温幅度有所减弱。

综上可以得出，吉安市全年和各季节气温都呈增加趋势，春季增温最为显著，其次是冬季，二者均高于年平均增温速率；秋季增温速率小于但接近年平均增温速率，夏季气温上升趋势最小。

根据吉安市区域级气象观测站2014—2018年5年的全年（图4-3）及各季节（图4-4）平均气温空间分布图可以看出，气温空间分布总体呈中心高、向东西递减、东北和南部偏低的特点。无论在哪个季节，平原地区平均气温普遍高于山区，其中，市中心区为全市气温高值区域，与城市发展相一致；井冈山和峡江鸡冠山地区，全年为温度低值区，是由于山区林地等生态绿源产生了明显的降温作用。

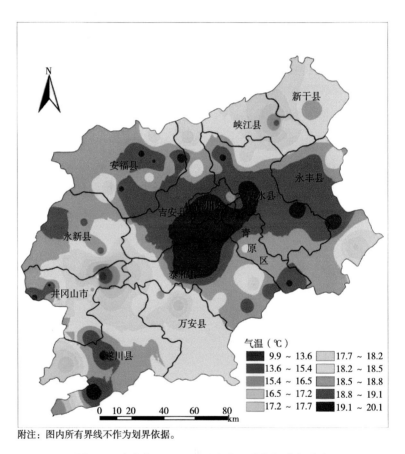

附注：图内所有界线不作为划界依据。

图4-3 吉安市2014—2018年年平均气温空间分布

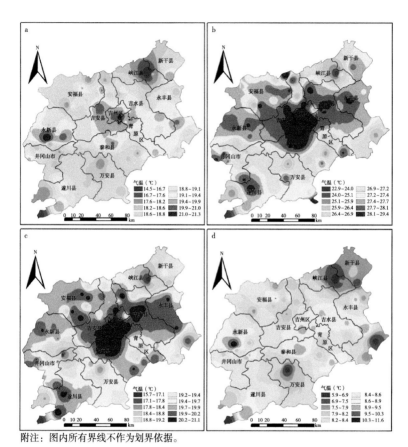

附注：图内所有界线不作为划界依据。

图4-4 吉安市2014—2018年四季平均气温空间分布

（a春季，b夏季，c秋季，d冬季）

与其他地区进行对比，有助于进一步分析吉安市的气候变化特点。从吉安市与江西省北部南昌市、九江市等经济发达、城市化较高的城市以及东部鹰潭市、南部赣州市等几个相邻城市的气温变化趋势比较来看，近40 a这5个城市年平均气温均呈现增加趋势，说明气候变暖是区域性的气候背景特征，而上述吉安市的气温变化特征与区域的总体变化特征一致。

总体上吉安市1981—2018年年平均气温低于南部赣州市，高于南昌市、鹰潭市、九江市，增温速率在这5个城市中处于偏高水平，仅低于南昌市，高于鹰潭市、赣州市、九江市，具体见表4-1和图4-5。

表4-1　吉安市相邻城市1981—2018年年平均气温及增温速率比较

指标	南昌市	九江市	赣州市	吉安市	鹰潭市
平均气温（℃）	18.3	17.6	19.5	18.9	17.9
增温速率（℃/10 a）	0.619	0.259	0.339	0.382	0.374

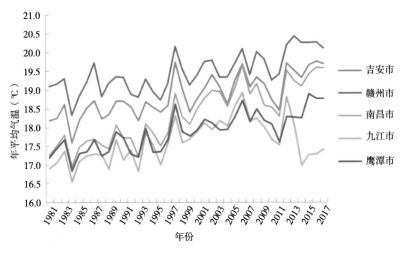

图4-5　吉安市及相邻城市1981—2018年年平均气温与变化趋势比较

4.2　热岛空间分布格局、变化特征及趋势预测

城市热岛是城市化带来的最明显的生态环境特征之一，是影响城市环境质量、舒适程度的重要因素，能较大程度地反映城镇建

设及人类活动对城市气候环境的不利影响。通常，以城郊气温差异反映城市热岛强度。卫星遥感能够准确反演陆表的各种物理和生态参量，以提供广阔背景上的地表空间连续分布，在提供可视化、高空间分辨率、高时效性、宏观分析方面具备站点观测所不具备的能力。因此，在城市热岛强度分布上，采用遥感测定法，对吉安市城市热岛效应进行了多年动态监测评估，分析热岛时空分布特征。

采用地表热岛强度指数（Urban Heat Island Intensity Index，UHII）的计算方法来估算城市地表热岛强度。UHII指通过卫星遥感观测到的某位置处的陆表温度与乡村陆表温度平均值的差值，即：

$$UHII_i = T_i - \frac{1}{n}\sum_1^n T_{\text{crop}} \qquad (4-1)$$

式中：$UHII_i$ 为图象上第 i 个象元所对应的热岛强度，T_i 是地表温度，n 为郊区农田内的有效象元数，T_{crop} 为郊区农田内的地表温度。

按日值热岛强度，UHII可划分为7个等级：强冷岛、较强冷岛、弱冷岛、无热岛、弱热岛、较强热岛和强热岛，分别赋值为1、2、3、4、5、6和7。UHII的具体等级划分参照表4-2。

表4-2　遥感地表城市热岛强度UHII初步划分及定义

等级	日值热岛强度（℃）	等级定义
1	≤-7.0	强冷岛
2	（-7.0，-5.0］	较强冷岛
3	（-5.0，-3.0］	弱冷岛
4	（-3.0，3.0］	无热岛
5	（3.0，5.0］	弱热岛
6	（5.0，7.0］	较强热岛
7	＞7.0	强热岛

对人居环境而言，夏季白天高温热岛是关注的重点，城市热岛效应会加剧夏季的高温，给城市人居环境带来不利影响，并会增加制冷能源消耗。因此，本研究利用高分辨率Landsat卫星遥感影像（30 m分辨率），选择吉安市不同年代（2005年、2011年、2017年）夏季晴空的数据，通过单窗算法反演地表温度，进而计算不同年代吉安市地表热岛强度，开展夏季白天城市热岛强度时空变化特征分析。由于裸露土壤较为干燥，且蒸发量较小，其白天受热升温较快，大量低植被覆盖的稀疏林地以及裸地常表现出较高的地表温度特征。实际上，这些地区并非城市化导致的温度升高，应在城市热岛强度计算中予以修正并剔除此类因素的干扰。基于归一化植被指数NDVI、改进的归一化水体指数MNDWI和归一化建筑指数NDBI，采用分类回归决策树CART（Classification and Regression Tree）的方法（图4-6），结合地物光谱特征和影像光谱信息，将地表分为植被、建筑物、裸土和水体4类。根据3种遥感指数计算结果结合人工判定阈值，构建地表分类的决策树模型。根据10%置信度，NDVI阈值取0.65，MNDWI阈值取0.17，NDBI阈值取-0.05。

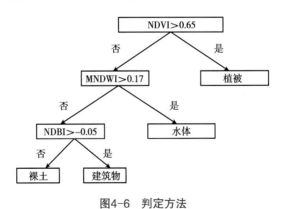

图4-6 判定方法

从2005年、2011年、2017年不同年份热岛空间分布（图4-7至图4-9）变化对比来看，吉安市中心城区城市热岛范围随时间扩张明显，总体热岛面积受城市发展影响而扩大，呈显著增加趋势。水体呈明显冷岛效应，大部分林地、公园绿地以弱冷岛或无热岛为主，赣江市的冷岛效应总体有所减弱，从2005年全部为冷岛区域，到2011年部分地区呈现热效应，至2017年则整体表现为无热岛等级。

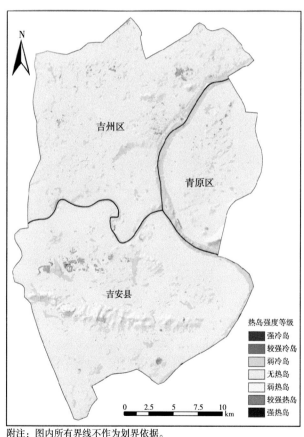

附注：图内所有界线不作为划界依据。

图4-7　中心城区2005年热岛强度空间分布

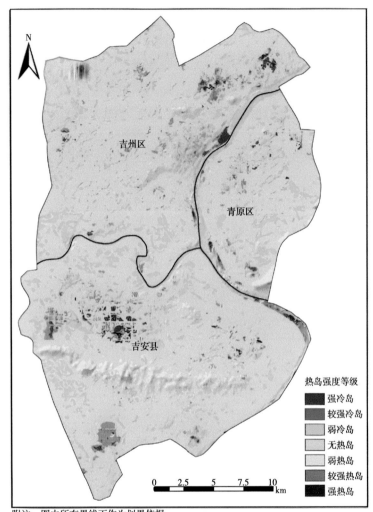

热岛强度等级
- 强冷岛
- 较强冷岛
- 弱冷岛
- 无热岛
- 弱热岛
- 较强热岛
- 强热岛

附注：图内所有界线不作为划界依据。

图4-8 中心城区2011年热岛强度空间分布

（1）建成区面积迅速扩大是城市热岛效应增强的重要原因

分析土地利用类型空间分布演变规律可以得出，快速的城市化使得建设用地大幅增加。通过计算得出，中心城区热岛面积由2005年的

9.2 km² 逐步发展至2011年的31.4 km²，到2017年扩大至123.5 km²。热岛强度由2005年以3~5℃为主，到2011年开始出现≥7℃的片区，局地热岛极值可达10℃以上。

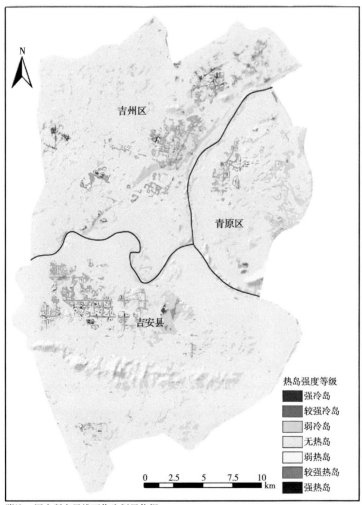

热岛强度等级

强冷岛
较强冷岛
弱冷岛
无热岛
弱热岛
较强热岛
强热岛

0 2.5 5 7.5 10
km

附注：图内所有界线不作为划界依据。

图4-9 中心城区2017年热岛强度空间分布

对热岛进行现场调研发现，中心城区存在大面积的高不透水盖度的建筑用地，居住用地和商业用地大部分为较强热岛或强热岛，这些地区马路、建筑物、广场3类不透水层下垫面的地表温度明显高于其他下垫面的气温，带来了明显的热岛效应，是中心城区产生热岛效应的主要因素。在赣江东部密集建设了大量高层建筑，均为热岛区，城市热环境状况堪忧，是热岛亟须缓解地区。

（2）热岛呈多中心发展，与土地利用格局相对应 热岛中心趋于扩大化、多极化，呈蔓延式发展，其中2005年热岛中心（吉州区、吉安县中心区）零星分布，2011年开始以吉州区城区为中心快速扩张，同时向东部青原区有所扩张，逐步发展至2017年多个强热岛中心（吉州区、青原区及吉安县中心、吉州工业园、城南钢材市场、凤凰工业园）的热岛空间分布格局。

利用热岛强度评估图与土地利用现状图，分析河西、河东、河南3个片区土地利用类型与热岛强度值的关系。热岛强度排前3位的分别是工业用地、行政办公用地、商业用地。其中，工业园区、城南钢材市场、四方圆建材家居广场和吉安贸易广场热岛强度值在5.0℃以上，居住用地热岛强度值低于工业用地，在3.0～5.0℃（图4-10）。根据《吉安市城市总体规划（2017—2035）》，河西片区作为城市主要发展方向，集聚发展区域性生产服务业、科创研发和商贸服务业；河东片区控制河东经济开发区向山体蔓延，适度培育休闲、文化与旅游服务功能；河南片区以打造国家级经济技术开发区与高新区为主。整体上形成了河西片区热岛强、河南片区热岛次强、河东片区热岛较弱等特征，由此可见，城市热岛强度与城市功能定位有直接联系。

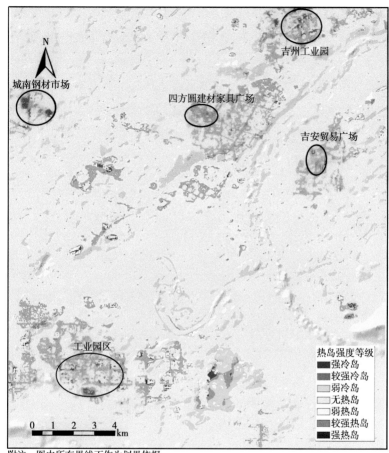

图4-10　中心城区热岛现状分布

（3）中心城区热岛强度预测及热环境绩效评估　根据《吉安市城市总体规划（2017—2035）》确定的中心城区用地规划图，可得到规划后主要土地利用变化，结合城市热岛强度分布现状，分析由于土地利用变化，特别是城市建设用地增多造成的局地热环境的改变，制作出热岛强度预测图（图4-11），预测规划

49

方案实施之后吉安市中心城区范围内的热环境状况，对比规划方案实施前后的热岛强度变化情况，对中心城区建设的热环境绩效进行评估。从图4-11中心城区热岛空间分布趋势预测可知：规划实施后，热岛面积进一步增加，将可达165.1 km²，热岛有向西、向南连片发展趋势，赣江以东青原区的建设开发强度也将在江边形成较强热岛效应，南部吉安县热岛并无明显增长趋势。

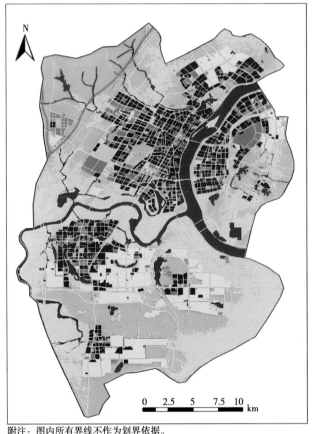

附注：图内所有界线不作为划界依据。

图4-11 中心城区热岛空间分布趋势预测

4.3 生态绿源分布及演变特征

生态绿源是指能产生新鲜冷空气的区域，它不但可以有效减缓城市热岛效应，同时也是冷空气来源和改善空气流通与人居环境的重要场所，是通风廊道规划的重要前提条件之一。城市地表温度具有水体<林地<农田<草地<裸地<城镇的规律，由于水体、林地与城镇建设用地之间的温度差，使得即使在弱风情况下，也可产生新鲜冷空气流动的现象，因此，把水体、林地以及城市绿地里的灌木和草地定义为城市生态绿源，其对城市局地小气候具有一定的改善效果。利用Landsat卫星资料提取的土地利用类型和绿量两个指标共同确定绿源等级。

绿量是综合反映植被叶面积指数、植被覆盖和植被结构的一个重要指标，是衡量城市不同绿地生态效益及其绿化水平的重要参数，对降温、增湿、改善城市小气候具有重要意义。绿量可以直接反映植被的降温效应。绿量的计算方法如下：

$$NDVI = (Ref_{nir} - Ref_{red}) / (Ref_{nir} + Ref_{red}) \quad (4-2)$$

$$S = 1 / (1/30\,000 + 0.000\,2 \times 0.03^{NDVI}) \quad (4-3)$$

式中：S——城市绿量（m^2）；

Ref_{nir}——Landsat卫星近红外波段反射率；

Ref_{red}——Landsat卫星红光波段反射率。

采用土地利用类型和绿量综合评估的方法，对生态绿源进行等级划分，具体结果见表4-3。

表4-3　绿源等级划分

绿源等级	绿源含义	土地利用类型	绿量（S, m^2）
1	强绿源	水体	$S \geq 3\,600$
2	较强绿源	林地或绿地	$S \geq 20\,000$
3	一般绿源	林地或绿地	$16\,000 \leq S < 20\,000$
4	弱绿源	林地或绿地	$12\,000 \leq S < 16\,000$
		农田	$S \geq 12\,000$

　　研究表明，绿地的增加对局地通风效应的增强有明显的促进作用，且绿化覆盖率在30%以上时绿地可起到缓解热岛效应的作用。对2005年、2011年、2017年吉安市生态绿源空间分布进行评估，从图4-12至图4-14可以看出，强绿源主要覆盖于赣江、各河流水域和大中型水库；中心城区年主导风向以北风为主，主导风向沿赣江南下，是天然的通风廊道。较强绿源集中在高植被覆盖的真华山山区。

　　从2005年、2011年、2017年吉安市中心城区内生态绿源变化情况来看（图4-12至图4-14），吉安县中部及南部地区绿源减少明显，这与土地开发利用和木林森高科技园、凤凰工业园的建设密切相关。此外，吉州区北部地区绿源也有缩减趋势，由于北部是主导风向上游，因此，这一地区绿源减少不利于气候资源的传导，须加大对生态绿源的保护，并在未来城市发展规划时考虑土地的合理开发利用，预留绿地、湿地、公园等开敞空间。

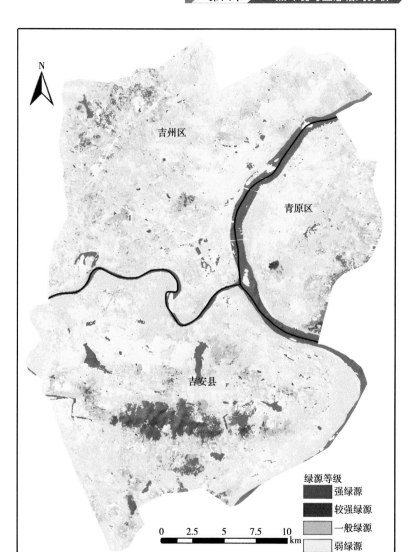

附注：图内所有界线不作为划界依据。

图4-12 中心城区2005年生态绿源空间分布

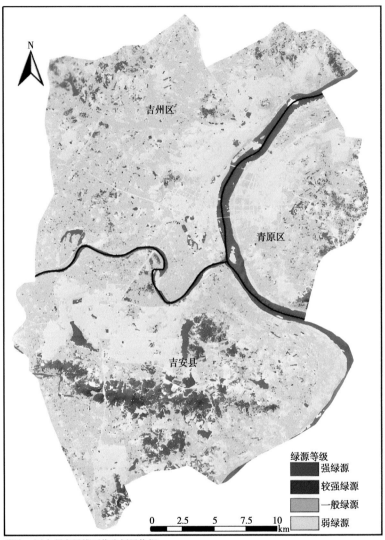

图4-13 中心城区2011年生态绿源空间分布

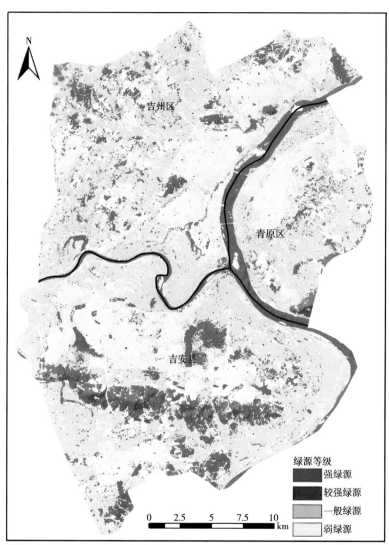

图4-14 中心城区2017年生态绿源空间分布

附注：图内所有界线不作为划界依据。

第五章 中心城区地表通风潜力评估

5.1 建筑高度与建筑密度提取

城市建筑密度和建筑高度可由吉安市2018年基础地理信息数据中的建筑物信息图层中估算得到，该图层包含建筑物斑块位置和建筑物楼层数信息。利用GIS空间分析技术可估算25 m空间分辨率网格单元的建筑密度和建筑物楼层数，其中建筑密度为该空间单元内的建筑物面积所占百分比，建筑物楼层数为该空间单元内所有网格建筑物楼层数平均值，建筑物楼层数×3 m即为建筑高度（m）。

从图5-1建筑高度和建筑密度空间分布可以看出，建筑高度较高楼群集中分布在赣江以东青原区沿江地区，建设有康居外滩、滨江首府、上江界等高密度高层居住小区，大部分建筑物的高度在90 m以上，是需要重点关注城市建设对风、热等气候环境带来显著影响的片区。此外，北部凤山路汇丰御园小区，75 m以上建筑物也较多，开发建设强度较大，且位于主导风向上游，不利于通风，建议限制开发强度，在附近地区未来城市发展规划时考虑土地的合理开发利用，预留绿地、湿地、公园等开敞空间，并控制新建地块的建筑高度、建筑密度和布局方式，使北部生态价值和气候效应较高的土地得到保护和合理利用。

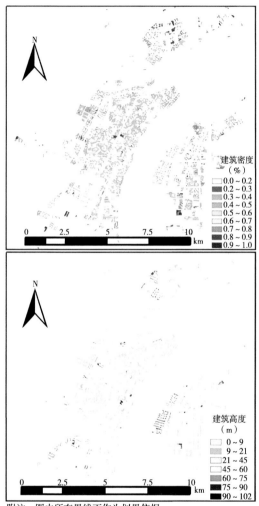

附注：图内所有界线不作为划界依据。

图5-1　吉安市中心城区建筑密度（上）与建筑高度（下）分布

　　西南部水韵南湾、南澳公馆、锦绣香江片区，紧邻后河和天华山，是拥有较高气候品质的地区，然而片区风貌多为高层建筑群，破坏了浅山地区和城市河流水体的气候效应向下游传递，不利于下游的人居舒适度和通风环境、热环境营造。

建筑物密集地区主要是分布在四方圆建材家居广场，该地区建筑物密集、绿地少，建筑物面积百分比在80%以上，是目前吉安市最大的建材家居广场，中心建筑物主体呈圆环状分布，虽然大部分建筑物的高度以中层（4~6层）为主，但通风环境受建筑物形态布局影响较大，存在密闭不通透的问题，内部空气交换效率低。加之受建筑物材料等因素的影响，存在较为严重的热岛效应。

5.2 地表粗糙度计算

由于地形起伏和地表下垫面对气流运动产生阻碍，风速廓线上风速为零的位置并不在地面，而在离地面一定高度处，一般由空气动力学粗糙度长度Z_0表达，其反映地表摩擦阻力作用对风速的减小程度。目前常用的粗糙度长度计算方法有两类：一类是气象观测方法，即利用通量塔或者气象台站的实测风速资料计算粗糙度长度；另一类是形态学方法，即根据粗糙元的几何形状、分布密度等计算粗糙度长度。其计算原理是在粗糙元较稀疏时，随着粗糙元密度增加，其对大气的曳力增加，所以粗糙度长度也会增加；但当粗糙元较密集时，随着粗糙元密度的增加，气流实际上更不易进入粗糙元的空隙，而在粗糙元上空掠过，即粗糙元的"屏障效应"减少了粗糙元吸收动量的能力，故有效粗糙度长度缩短。对于城市下垫面，建筑物是影响粗糙元吸收动量能力的主要因素，因此城市粗糙度主要由建筑物引起。由于城市下垫面粗糙元的分布非常复杂，空间分布上存在很大的非均匀性，利用铁塔风、温、湿梯度观测来确定粗糙度长度的方法很难反映城市内部的局地地表特征。因此，采用形态学方法计算城市空气动力粗糙度长度，即根据粗糙元的几何形状、分布密度等计算粗糙度长度，可以通过精确的地理信息和遥感数据，用参数化的动态表达式来描述随城市建设不断变化的粗糙度长度信息。

本研究采用Grimmond[32]建立的城市形态学模型来估算地表粗糙度长度。采用基于遥感和GIS的城市形态学模型来估算城市地表粗糙度长度Z_0，可由下式表达：

$$\frac{Z_d}{Z_d} = 1.0 - \frac{1.0 - \exp[-(7.5 \times 2 \times \lambda_F)0.5]}{(7.5 \times 2 \times \lambda_F)} \quad （5-1）$$

$$\frac{Z_0}{Z_h} = (1.0 - \frac{Z_d}{Z_h}) \exp(-0.4 \times \frac{U_h}{u^*} + 0.193) \quad （5-2）$$

$$\frac{u^*}{U_h} = \min[(0.003 + 0.3 \times \lambda_F)^{0.5}, 0.3] \quad （5-3）$$

式中：Z_d——零平面位移高度（m）；

Z_0——粗糙度长度（m）；

Z_h——粗糙元高度（m）；

Z_d/Z_h——归一化的零平面位移高度；

Z_0/Z_h——归一化的粗糙度长度；

U_h——风速（m/s）；

u^*——摩阻速度（或剪切速度）（m/s）；

λ_F——单位地表面积上城市建筑迎风面积比，也称为建筑截面积指数。

建筑截面积指数是一个涉及建筑形态的变量，计算较为复杂，计算公式如下：

$$\lambda_{F(\theta)} = \frac{A_{(\theta)oroj}(\Delta z)}{B} \quad （5-4）$$

$$\lambda_F = \sum_{i=1}^{n} \lambda_{F(\theta)} P_{(\theta, i)} \quad （5-5）$$

式中：

$\lambda_{F(\theta)}$——某个方位的建筑迎风截面积指数；

$A_{(\theta)\text{proj}}(\Delta z)$——建筑迎风投影面积（$m^2$）；

θ——风的不同方位的方向角度（°）；

B——计算的地块面积（m^2）；

Δz——计算投影面积高度方向的计算范围；

$P_{(\theta,i)}$——第i个方位的风向年均出现频率（%）；

n——气象站统计的风向方位数，在这里n取16。

建筑截面积指数与城市建筑密度P有密切关系。有关形态学模型研究结果表明，大多数城市地区归一化的粗糙度长度Z_0/Z_h峰值对应的建筑密度P为0.3~0.4，集中在0.35左右，因此，本研究采用城市建筑覆盖率0.35为峰值来反推建筑截面积指数λ_F与城市建筑密度P的关系，最终得到$\lambda_F=0.8P$较为理想，从而模拟出归一化粗糙度长度Z_0/Z_h与归一化的零平面位移高度Z_d/Z_h随建筑密度P的变化曲线，使归一化粗糙度长度Z_0/Z_h在$P=0.35$时达到峰值，这与Grimmond[32]对城市地区动力粗糙度长度的研究结果一致。因此，求取城市地区动力粗糙度长度Z_0，只需获取建筑密度P和建筑高度Z_h两个输入参数。

综合以上各指数，得到吉安市地表粗糙度长度的空间分布，如图5-2所示，从总体上来看，吉安市大部分建筑地区粗糙度长度在1.0 m以上，赣江以东青原区高密度建筑群康居外滩、滨江首府、上江界小区，建筑高度和建筑密度都较高，粗糙度长度明显高于其他区域，可达4.0 m以上。此外，北部紫郡花园、汇丰御园局部区域，粗糙度长度也在4.0 m左右。一般粗糙度长度≥1.0 m对城市通风不利，可知吉安市中心城区存在一定面积的城市通风障碍区域。

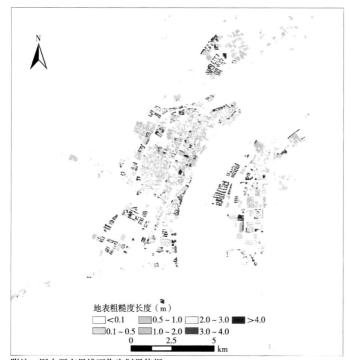

地表粗糙度长度（m）

☐ <0.1   ☐ 0.5 ~ 1.0   ☐ 2.0 ~ 3.0   ■ >4.0
☐ 0.1 ~ 0.5   ☐ 1.0 ~ 2.0   ☐ 3.0 ~ 4.0

0   2.5   5 km

附注：图内所有界线不作为划界依据。

图5-2 吉安市中心城区地表粗糙度长度空间分布

5.3 天空开阔度计算

天空开阔度也称天穹可见度（Sky View Factor，SVF），或者叫天空可视因子，它是人站在地面所能看到的不受任何遮挡的天空可视范围角，与城市建筑形态密切相关，同时可作为街道、小区等局地尺度的城市规划综合指标，为城市科学规划、合理布局提供参考（图5-3）。SVF的获取方法有多种，包括基于建筑几何特性和辐射交换模型的矢量计算模型和基于高分辨率城市数字高程模型（DEM）的栅格计算模型[32]，而栅格计算模型更适用于大范围、大数据量的城市地表开阔度的快速计算[33-36]。

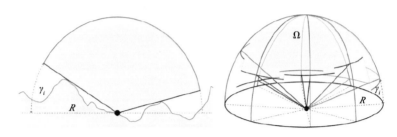

Ω为天空可视立体角；γ_i为第i个方位角时的地形高度角；R为地形影响半径

图5-3　受地形影响的天空开阔度截面示意图（左）、
受地形影响的天空开阔度空间示意图（右）

本研究采用Zakšek et al.[36]提出的基于高分辨率城市数字高程模型（DEM）的栅格计算模型估算SVF，表达式如下：

$$F = 1 - \frac{\sum\limits_{i=1}^{M} \sin \gamma_i}{M} \tag{5-6}$$

式中：F——天空开阔度，值为0～1.0，无量纲；

　　　γ_i——第i个方位角时的地形高度（平面）角（rad）；

　　　M——计算的方位角数目（个），建议M取值应不小于36。

开敞空间，又称为开放空间，是空气会集、流通和引导的重要区域，也是人们室外休憩、交流的重要场所，对城市通风、生态环境稳定和优化具有重要意义。本研究利用吉安市空间分辨率5 m的建筑高度栅格影像数据，选择输入参数n=36（方位角每隔10°），R=20（影响半径为周围20×5=100 m），然后利用数字影像技术，仅考虑建筑物周边行人位置所在SVF，可估算得到25 m空间分辨率的行人区域SVF空间分布。从图5-4中可以看出，连续非建筑覆盖地区，以及城市公园、河流道路两侧以及山区林地天空开阔度普遍较大，SVF在0.9以上。低矮建筑群地区存在大面积天空开阔度较好的区域，SVF在0.6~0.8。赣江以东青原区高密建筑群康居外滩、滨江首府、上江界小区，天空开阔度较差，一般在0.4以下，说明建筑物越密集、高度越高的地区天空开阔度越小。

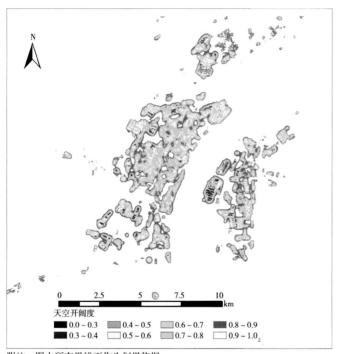

附注：图内所有界线不作为划界依据。

图5-4 吉安市中心城区天空开阔度空间分布

5.4 地表通风潜力评估

良好自然通风的营造需要尽可能选择通风潜力较大、风易于穿过的地区。结合地表粗糙度长度和天空开阔度两个指标综合评价吉安市的地表通风潜力。粗糙度长度越大，对于区域风场的影响范围越大。Matzarakis et al.[37]提出，风道的首要指标是空气动力粗糙长度，其值应小于0.5 m。因此，定义0.5 m作为较高通风潜力的上限值，而把1.0 m作为具有较低通风潜力的空气动力粗糙长度上限值。Oke[38]等的研究指出，城市街道空间的天空开阔度与城市热岛效应的产生密切相关，SVF越小，形成城市热岛效应的概率和强度越大。Chen et al.[39-40]在研究香港城市天空开阔度时，得出在天空开阔度与热岛强度的回归关系中，SVF的有效范围上限值是0.76。吉安市与香港具有相似的气候环境特征，因此，定义吉安市具有较高通风潜力的SVF下限值为0.75，并将通风潜力计算结果按表5-1中的原则进行等级划分，获得高分辨率的吉安市地表通风潜力等级分布，确定现有建成区条件下通风潜力较大的地带，为通风廊道规划提供基础。

表5-1 通风潜力等级划分

通风潜力等级	通风潜力含义	粗糙度长度（Z_0，m）	天空开阔度（F）
1级	无或很低	$Z_0 > 1.0$	—
2级	较低	$0.5 < Z_0 \leq 1.0$	$F < 0.75$
3级	一般	$0.5 < Z_0 \leq 1.0$	$F \geq 0.75$
4级	较高	$Z_0 \leq 0.5$	$F < 0.75$
5级	高	$Z_0 \leq 0.5$	$F \geq 0.75$

从图5-5中可以看出，吉安市整体通风潜力较大的区域为南部的吉安县，由于这一地区主要为工业园区的大量厂房，建筑低矮且密度不大，因此，地表通风潜力较高。对于主城区吉州区的生活居住聚集区，高通风潜力地区通常存在于绿地、林地、河道、广场、宽阔街道以及低矮零碎的建筑区。地表通风潜力较低的区域主要分布在赣江以西老城区，尤其以井冈山大道以东片区（北起韶山东路，南至阳明东路）为主，这些地区普遍有较多高层、超高层建筑分布，且地块的建设密度较大，导致空气交换受阻，气流难以贯通，通风环境较差，城市热岛严重。

附注：图内所有界线不作为划界依据。

图5-5　吉安市中心城区地表通风潜力空间分布

第六章 城市气候问题应对策略与 通风廊道构建

6.1 城市气候问题及应对策略建议

城市局地气候条件受自然地形和城市化改变的综合影响,其中,前者是某区域或某城市自然形成的(本底的)气候条件;后者是在城市化影响下土地利用格局对局地气候的影响[41-43]。

6.1.1 地形特征对气候环境的影响

空气温度随高度的变化通常用气温垂直递减率表示,以此来评估地形高度对城市热环境的影响。吉安市呈东南、西南和西北三面环山分布的地势,由四周向中部坡度逐级减小。风自北向南流入,气流受山体阻挡,易在山前形成回流带,西南部和东南部山区常年风速较小,对风场有屏障效应,不利于扩散。另外,受山体阻挡,气流翻过山体后下沉,产生温度升高、湿度减小的"焚风效应",易在中心城区出现高温带,从而加剧中心城区夏季的高温热岛效应。

6.1.2 城市用地布局对气候环境的影响

（1）带状形态对气候环境有利有弊 吉安市以北风为主导风向，夏季偏南风，河西、河东两片区南北纵深长，东西纵深短，南北向带状发展总体不利于城市整体的空气流通；工业园区是河南片区的主要载体，内部又分为井开区组团和凤凰组团，主要分布于真华山山前带状发展区域，以东西纵深发展，总体有利于通风。但是，中心城区集中建设发展区域，正好位于全年平均气温较高的高温带，叠加城市热排放和工业排放，夏季更为炎热，增加了城市能耗。

构建通风廊道可以使吉安市空气流通更加顺畅，并缓解热岛，是对城市空间结构的"扬长避短"。因此，在河西片区保持主要道路和水网、绿地南北方向的开敞，河南片区注意保持水体面积，在工业热排放与用地性质空间扩张的同时，预留足够空间，防止热岛的连片发展。

（2）建筑阻挡导致通风廊道不连续 吉安市部分高层建筑位于上风向，导致城南通风受阻，集中建设区内部通风廊道普遍不连续，或宽度未能达到通风要求，在建成区难以贯通。

河东片区受东部青原山地形影响，较河西片区风速偏小，需严控山前开发，在南北方向串联绿化带，注意增加绿化覆盖率，确保新鲜空气补偿。

（3）绿地系统不完善 吉安市北部樟山，位于主导风向上游，是新鲜冷空气的来源地，但其绿源等级并不高，应加大植被覆盖。河西片区除天华山、后河外，没有明显可用于气候调节的大面积冷源系统；且绿地周边开发强度高，未能有效串联，难以发挥这些生态绿源的气候效应，在很大程度上降低了气候调节作用，也不能对城市热岛形成有效的切割。

已有研究表明，随着城市水体、绿地面积的增加，无论集中或分散的布局，均能使城市的通透性和夏季人体舒适度显著提高，与集中型相比，分散型布局能够更有效地缓解城市夏季热岛强度和提升通风廊道的风效应。因此，应在通风廊道交会区域或十字街口，合理布局绿地公园，增加水体、林地和绿地等空间。

6.1.3　城市热岛效应调控对策建议

热岛效应的影响以负面为主，主要表现在增加极端天气气候事件发生频率和强度、增加夏季能耗、加剧城市大气污染、降低人体舒适度等[44-45]。通风廊道的构建可以使空气流通更加顺畅，并缓解热岛，是对城市带状结构的"扬长避短"。针对吉安市热岛监测现状以及土地利用规划图，并考虑通风对缓解热岛的积极作用，提出下列热岛效应调控对策建议。

一是河西片区天华山以北区域生态绿源面积少、等级低，存在大量的强热岛区，需增加水体和绿地面积以缓解热岛效应。

二是为避免河西片区老城区与新区之间热岛大范围连片，需在两者之间建立足够宽的绿化带，并为通风廊道留出位置，缓解热岛效应。

三是在河东片区，依据京九铁路建立绿化带，为通风廊道留出位置。

四是保护现有的生态绿源，尤其是高等级的生态绿源，如南部真华山、西部天华山等林地生态环境和赣江、后河、禾河等水体生态环境。

五是加强对影响吉安市生态环境和人居环境的主要气象要

素、城市热岛效应等开展动态监测与评估，加强气象、环境、生态等综合监测分析，供城市规划、建设等参考。

6.2　通风廊道构建

6.2.1　构建原则

构建城市通风廊道实现城市的"呼吸"，"吸"即为评估城市总体风环境状况以及存在的风环流系统，了解新鲜空气的来源[20]；"呼"即为疏通城市、街区、建筑之间的联系，使新鲜空气能顺畅地流淌，加速城市与周边以及城市内部的空气交换。良好的"呼吸系统"即城市通风廊道的构建，主要是将山区、水体、森林绿地的新鲜冷空气引入城区，促进城市内部的空气流通，缓解城市热岛效应，特别是降低夏季高温热浪下的人体不适，改善局地气象环境[20, 46-47]。本研究通风廊道系统构建主要依据以下原则[48-59]。

（1）顺应城市主导风向　相关研究表明，为了使城区内通风与空气运动达到最大化，应使主要通风廊道走向与软轻风主导风向的夹角不超过30°。因此，依据长时间序列气象数据分析所得的背景主导风向确定主廊道走向。

（2）依托城市河道及路网　街道和河道地表粗糙度较低，也更为开阔，通风能力较强，可作为城市通风廊道的载体。因此，基于风场特征和用地规划，选择适宜的街道和河道；在街道两侧建设道路绿带，修复、拓宽和保护河道，并控制通风廊道两旁的建筑高度、建筑密度和布局方式。

（3）结合城市生态要素　城市水体和大型绿地对周边热环境具有一定程度的降温效应：其中，大型水体可使周围100～

300 m范围内建筑区温度平均下降0.4~1.2℃；0.5 km²以上的绿地斑块可使周围100 m范围内的建筑区地表温度下降0.46~0.83℃。因此，可整合城市自然山水要素，利用生态绿地、江河湖泊水系等具有通风排热功能的天然生态绿源系统，营造城市通风廊道。

（4）关注小风和热岛区域　结合城市风场、热岛和地表通风潜力分布特征，通风廊道应重点贯穿城区风速较小地区，提升局地空气流通性，同时分割城区气温较高地区，改善局地热环境，并保持空间的开阔程度以防止热岛加剧和连片发展。

（5）因地制宜，尊重城市已有建设格局　通风廊道构建时应充分考虑作用空间（城市建设区域）现有的通风潜力，针对现有通风环境较好的带状空间进行保护修复，而非大拆大建，可在城郊高通风潜力的连贯开阔地带构建主通风廊道，将新鲜空气引至城区边缘后，再根据城区内开敞空间的尺度，采用主、次廊道互相连接的形式贯穿城市建设区域，导入新鲜空气，形成促进城区空气流通的"蓝网"。

6.2.2　通风现状评价

从市域尺度来看，吉安市有吉南、吉北2个重要的通风换气口，吉南地区风速较大，在夏季南风主导风向下，利于缓解热岛效应，借助通风廊道可将吉南地区大量的新鲜冷空气输送至中心城区，缓解中心城区热压，并有效增强污染物的扩散能力。吉北地区处于主导风向上游，需少布局工业用地，严控污染企业，吉州工业园与河西老城区之间布局绿化隔离带，阻止工业热污染和大气污染向城区输送。

从中心城区尺度来看，禾河南侧的河南片区，即吉安县高新区，主要建设为工业园区的大量厂房，建筑低矮且密度不大，通风潜力较好，与老城区之间由禾河分隔，阻断热岛的连片。河西片区高强度开发建设区，主要分布有商业、商务、办公类用地及居住用地地块，尤其是井冈山大道以东，北起韶山东路，南至阳明东路，普遍有较多高层、超高层建筑分布，且地块的建设密度较大，导致空气交换受阻，气流难以贯通，通风环境较差，城市热岛现象严重。

从风速空间分布来看，西部属于风速大值区，东部及东南部属于风速小值区。根据城市总体规划，中心城区用地发展策略为"西进"，即中心城区西部地区作为城市主要发展方向，集中建设高铁门户区域，集聚发展区域性生产服务业、科创研发和商贸服务业。因此，西部应在未来规划中多预留空气引导通道，通风廊道的构建可顺应主导风向，串联绿色空间，形成局地气流良性循环，避免"摊大饼"，使气候环境恶化。

6.2.3 构建方案

本次研究以2017年城市总体规划为基础，基于以上分析，构建吉安市通风廊道系统。研究结果显示，现行规划沿主要河流赣江可形成一条天然廊道，作为一级廊道，二级廊道的选择依据现状通风潜力评价、道路走向评价，以大型空旷地带如主要道路、城市绿地、开敞空间、非建设用地、低矮建筑群等构成。因此，中心城区共划定1条一级通风廊道，7条二级通风廊道，其中南北向廊道5条，东西向廊道2条，具体见图6-1。

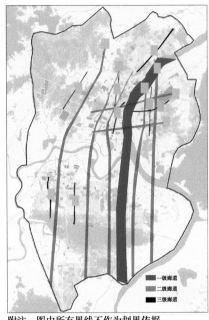

一级廊道：
· 赣江沿线
二级廊道（河西片区）：
· 庐陵生态文化园—井冈山大道—
  古南大道—吉安南站
· 螺湖湾湿地公园—吉州大道—
  坪里郊野公园—火炬大道
· 君华大道—富川路—君山湖公园
  （河东片区南北向）
· 和气路—创业大道
· 京九铁路—吉安站—文山公园—
  华能大道（河东片区东西向）
· 科教路—井冈山大学—文天祥大道—
  赣江—后河—天华山公园
· 赣江大道—正气广场—吉安赣江大桥—
  吉安南大道—吉安市体育馆
三级廊道：
· 东塘大道
· 石阳路
· 后河
· 井冈山北大道
· 青原大道
· 公略路
· 君山湖公园
· 天祥南路

附注：图内所有界线不作为划界依据。

图6-1　吉安市中心城区通风廊道示意图

一级廊道：赣江沿线。利用赣江生态绿源，配合南—北向主导风，引导新鲜冷凉湖陆风贯穿中心城区，带走城市余热。

二级廊道：包括如下7个。

①庐陵生态文化园—井冈山大道—古南大道—吉安南站。充分利用井冈山大道穿越市区南北、路基宽、通风潜力大的优势，配合绿化及建筑管控，形成城市中心区的隔离廊道，减弱城区的热岛强度，改善局地气候环境。

②螺湖湾湿地公园—吉州大道—坪里郊野公园—火炬大道。起于螺湖湿地生态绿源，利用吉州大道道路及两侧绿化空间，向南贯穿城区，串联天华山公园、禾河、梨山公园等生态绿源和开

敞空间，切割、打散道路东西两侧建成区的热岛，防止河西片区热岛连片。

③君华大道—富川路—君山湖公园。预留老城区与未来西部新区的生态补给空间，避免未来热岛连片。与井冈山大道廊道、吉州大道廊道一起，形成"梳"形阻隔，均衡分布，保障城市通透性。南部串联庐陵生态公园、君山湖公园，继续引导主导北风进入吉安县高新区；受季风影响，夏季南风主导风向下通风廊道的南北走向同样具有一致性，同时利于将君山湖水体的生态补偿效能向北传导，以提高通风廊道的实际通风效果。

④和气路—创业大道。顺应城市主导风向，充分利用赣江上游生态绿源，建立河东片区贯穿南北生态隔离廊道，以道路/河流自身宽度，提前预留足够的开敞空间，配合绿化及建筑管控，避免未来河东片区热岛连片发展。

⑤京九铁路—吉安站—文山公园—华能大道。京九铁路位于城区边缘，贯穿南北主导风向、通风潜力大，虽然目前其两侧建设开发强度不高，但应充分利用其优势并在两侧建立绿化防护带，形成隔离廊道，为未来城市向东扩展预留缓解热压的气候补偿空间。

⑥科教路—井冈山大学—文天祥大道—赣江—后河—天华山公园。河东片区受青原山地形影响，以东北—西南风为主，且山区气温较低，表现为冷岛效应，是新鲜空气的产生地，有利于将山区的新鲜冷凉空气带入城区。因此，需控制河东经济开发区向山体蔓延，保持东部浅山地区东—西方向的开敞空间，避免风在城郊减弱。同时串联赣江、后河水体生态绿源和天华山大范围植被生态绿源，可降低热负荷，对局地通风效应的增强起到明显的促进作用。

⑦赣江大道—正气广场—吉安赣江大桥—吉安南大道—吉安市体育馆。充分利用青原山生态绿源，保持河东片区主干道东—

西方向的开敞空间，有利于气候资源的传导和气候效应的有效发挥。

三级廊道：主要包括东塘大道、石阳路、后河、井冈山北大道、青原大道、公略路、君山湖公园、天祥南路。

6.3　通风廊道规划管控措施[12, 49]

6.3.1　一级通风廊道规划管控措施

一级廊道（主通风廊道）作用于整个中心城区，选取风频较高、生态价值较高的风通过市区，连接郊区大型生态绿源和集中建设区，切割热岛，提升中心城区整体通风性。具体管控措施如下。

①廊道宽度大于1 000 m。

②廊道内部应由绿地、水体、林地或开敞空间（道路、高压线走廊等）组成，但允许存在低密度、低矮建筑（建筑高度低于10 m），廊道内垂直于廊道方向的建筑物宽度应小于廊道宽度的10%；

③廊道两侧禁止新建各类工业用地、采矿项目。

6.3.2　二级通风廊道规划管控措施

二级廊道（次级通风廊道）作用于中心城区内部的城市集中建设区，选取风频较高、生态价值较高的局地环流分割各组团片区，尽可能连接河流、绿地、公园、开敞空间等，将生态绿源和气候品质较高的补偿空间产生的新鲜空气导入作用空间，与一级廊道互为补充，提升城市集中建设区内部通风性。具体管控措施如下。

①廊道宽度大于100 m。

②廊道内部为绿地、水体或开敞空间用地，建议增加河流、水体面积。

③现状不满足条件的地块，在未来城市更新中实行"先拆后建，拆二建一"的政策，垂直于廊道方向的建筑物宽度应小于廊道宽度的10%。

④廊道两侧绿化避免高密度的高大树木，宜采用灌木、草地、疏林地相结合的方案。

⑤廊道两侧未来开发地块建筑保证场地间口率≤60%。

场地间口率等于场地内建筑面宽与场地面宽的比值。控制场地间口率即限制场地内的建筑面宽和间距，减小对风的遮蔽（图6-2）。尤其对城市来源风（湖泊水系、宽阔绿地）上风向的开发项目更应严格控制。

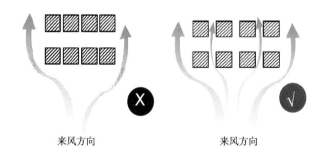

图6-2　地块场地间口率规划示意[13]

6.3.3　三级通风廊道规划管控措施

一是廊道宽度由道路宽度、防护绿地宽度及建筑退让距离组成，最低控制宽度不低于50 m。

二是廊道内部不得建设建筑或构筑物。

三是廊道两侧地块开发避免建筑物的高度一致，采取来风方向的高度低或高低错落、递增、对角递增的建设方案和布局方式。

借鉴已有城市通风廊道管控的经验，可将通风廊道的管控策略分3个层次进行总结。第一，严格管控策略，针对廊道建设行为、保障廊道通畅方面，在未来规划、建设中应严格遵守的管控措施。第二，优先实施型策略，针对公共管理与公共服务用地的开发必须遵守的管控策略。第三，推荐建议型策略，通过宣传、推荐、评优等途径，在地块开发中引导建设单位遵循的管控策略。吉安市中心城区通风廊道管控策略分类如表6-1所示。

表6-1　通风廊道管控策略分类

序号	分类	管控方式	管控内容
1		严格管控	一级廊道宽度大于1 000 m；二级廊道宽度大于100 m
2		严格管控	垂直于廊道方向的建筑物的宽度应小于廊道宽度的10%
3	廊道内部管控	严格管控	廊道内禁止新建各类工业、采矿项目
4		推荐策略	现状不满足条件地块实行"先拆后建，拆二建一"政策
5		推荐策略	二级廊道两侧绿化避免高密度的高大树木，宜采用灌木、草地、疏林地相结合
6		实施建议	廊道两侧未来开发地块建筑控制间口率在60%以内

（续表）

序号	分类	管控方式	管控内容
7	城市地块开发	实施建议	湖泊水系、宽阔绿地周边建筑密度宜保持在30%左右，控制建筑间口率在60%以内
8		推荐策略	建筑物水平错列
9		推荐策略	尽量避免地块内建筑物的高度一致，阶梯状的高度错落能够改善建筑群的通风情况
10		推荐策略	建筑长边与主导风方向形成的夹角宜为30°～60°

6.3.4　廊道关键区域识别与管控修复建议

通风廊道不是大拆大建，而是城市修复改善。吉安市建成区多条二级通风廊道宽度目前低于100 m，存在"卡口"区域，须在城市更新、修复时进行腾退和管控，将建筑用地改为绿地公园或公共广场等开敞空间，逐步打通[60-62]。

现状不满足条件廊道：井冈山大道、吉州大道廊道，存在宽度不满足要求或"卡口"区域。

（1）庐陵生态文化园—螺湖湾湿地公园—井冈山大道—古南大道—吉安南站廊道

关键节点：井冈山大道的吉州大道至中山东路路段宽度不满足要求（图6-3）。

管控修复建议：区段内多层和高层建筑较多，改造条件较差，建议控制建设，避免在廊道内部新建建筑，远期结合城市更新逐段腾退打通。

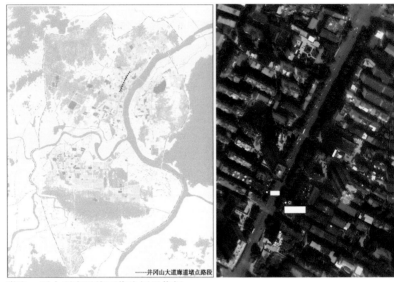

附注：图内所有界线不作为划界依据。

图6-3　井冈山大道廊道堵点区域影像

（2）吉州大道—坪里郊野公园—火炬大道廊道

关键节点：①螺湖湾湿地周边，位于廊道上游，不宜建设高层高密度建筑，会屏挡北风主导风向向下游的输送；②吉州大道的韶山西路至鹭洲西路路段宽度不满足要求；③思源路至中山西路路段宽度不满足要求（图6-4）。

管控修复建议：①螺湖湿地生态绿源气候效应主要沿北风主导风向向下游南部传输，应避免新建汇鑫国际名城类似布局的建筑，采用低矮建筑的形式，北侧上风向充分预留开敞空间；②韶山西路至鹭洲西路路段，改造条件较差，建议严格控制新增高层建筑；③思源路至中山西路路段，建筑高度以多层建筑为主，但建设密度较大，尤其是四方圆建材广场，通风条件较差，建议结合用地功能布局调整，进行建筑通风设计优化评估，作为近中期重点优化的片区。

附注：图内所有界线不作为划界依据。

图6-4　吉州大道廊道堵点区域影像

6.4　通风廊道观测试验与效果评估

为评估通风廊道规划效果，利用便携式自动气象站，在主要通风廊道及同区域非廊道处小区周边等进行气象要素的观测试验，并利用观测数据进行分析研究，为当前通风廊道划定提供基础数据支撑。

观测试验选取主导风向与吉安市主导风向一致、风速与常年平均风速相近的2020年6月14日天气作为典型天气，将2台自动气象站分别安置于赣江通风廊道中（一号站）、滨江首府小区内（二号站），两站点间距约300 m，见图6-5，开展廊道内及廊道周边风速、风向、气温、湿度等气象要素的实时监测，得到每分钟的风速、风向、气温、湿度等气象数据。既满足了捕捉通风廊道效果的需求，又满足了对城市气候敏感区域和通风重点优化微气候特点的监测需求。

以9:00—12:00观测数据为统计时次，对两站点每分钟气温观测结果进行分析（图6-6），廊道内周边气象站一号站（赣江边）与非廊道区域的二号站（滨江首府小区）相比普遍偏低1℃，对于风速、风向要素，一号站观测的风速平均为1.8 m/s，明显大于二号站（1.2 m/s），说明通风廊道具有气温偏低、风速偏大的特征，结合相对湿度的分析结果可知，赣江水体降温增湿的气候效益非常明显，因此，周边的开发建设应加强控制，综合考虑对气候环境的影响，确保生态绿源和通风廊道的气候效能有效发挥，惠及更多，而不是只供江边享用。

附注：图内所有界线不作为划界依据。

图6-5 一级廊道观测对比试验站位置示意图

选择2020年6月29日8:00—15:00，在二级通风廊道后河河边、廊道外距离廊道200 m处鲜润家全食超市，分别设置观测站点并进行气象要素的实时监测，以确定通风廊道的作用效果（图6-7）。观测数据分析结果（图6-8）表明：通风廊道处（后河河边站）与非廊道区域的鲜润家全食超市站相比温度普遍偏低，其中13:00后温差加大，廊道处气温较非廊道处偏低1℃以上；廊道处风速平均比非廊道处偏大0.5 m/s左右，幅度达60%，说明通风廊道具有气温偏低、风速偏大的特征，有利于人体舒适度和人居气候环境营造。

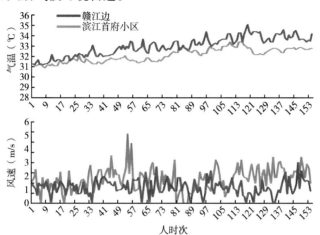

图6-6 一级廊道站点气温、风速观测统计对比
（2020年6月14日9:00—12:00）

附注：图内所有界线不作为划界依据。

图6-7 二级廊道观测对比试验站位置示意图

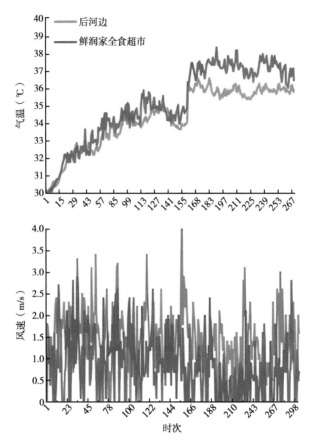

图6-8 二级廊道站点气温、风速观测统计对比

（2020年6月29日8:00—15:00）

第七章 城市气候环境优化与典型
区域开发设计指引

7.1 城市气候空间分类及优化建议

　　基于以上气象观测、城市形态分析、气象数值模拟等研究，将热岛强度、通风潜力、生态绿源等信息进行叠加，并根据各要素特征将吉安市中心城区分为不同城市气候空间类型（图7-1），以通风廊道构建、建筑空间形态优化、城市建筑管控、生态冷源保护与修复为实施抓手，以优化城市形态、生态空间及缓解城市热岛，提升气候宜居性为目标，针对城市的自然、人文、气候以及未来发展态势，提出有利于未来发展的城市气候规划策略和与之相应的规划保护或改善的指导性建议。

7.1.1 城市气候补偿空间

　　城市气候补偿空间，主要为水体或植被覆盖度较好的山区林地、城市公园、郊野绿地区域等通风良好、空气清洁、热压小的空间，可作为良好气候资源加以保护和利用，其空间分布图见图7-2。

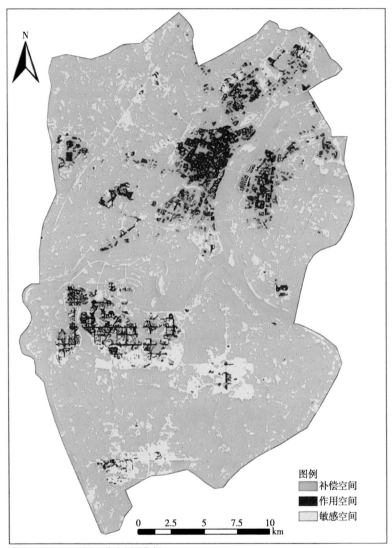

附注：图内所有界线不作为划界依据。

图7-1 中心城区气候类型空间分布

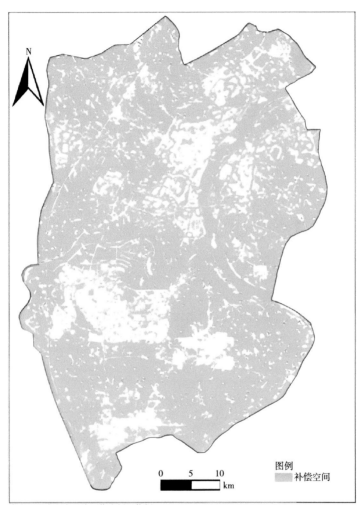

附注：图内所有界线不作为划界依据。

图7-2 中心城区气候补偿空间分布

在城市中规划绿地改善局地气候环境时，建议分不同尺度考虑最优化的绿地体量。因此，按照规模大小及补偿空间的影响力、功能，将气候补偿空间分为3个等级，见图7-3。

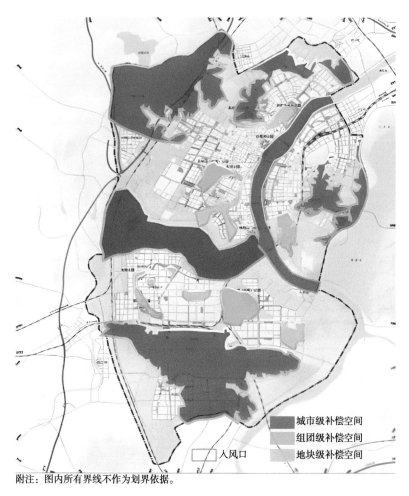

附注：图内所有界线不作为划界依据。

图7-3 补偿空间等级分布

（1）城市级补偿空间 对于城市尺度的大型绿地，区域内生态用地应大于20 km²，区域内主要为连绵成片的大规模林地、水体等生态用地。尽量提高绿地中植被覆盖率，不但可以让绿地区域地表温度显著降低，还可对周边100 m范围内的建筑物起到明显降温作用。

（2）组团级补偿空间　区域内生态用地应大于4 km²，区域内应主要为具有一定面积的林地、绿地、水体等生态用地。绿地面积占比30%将使气温降低约1℃，覆盖达60%时城市热岛效应微弱；水体面积占地块面积比为12%，可有效发挥其对降温、增湿方面的贡献效率。同时应尽量增大绿地斑块的周长，使绿地边界尽量复杂，并提高绿地中植被覆盖率。绿地对周边的降温可参考公式7-1：

$$\Delta t = 1.227 V^{0.283} \left[1.143\ 4\ \ln(A) - 6.750\ 2 \right]^{1.072} \qquad (7-1)$$

式中：Δt为绿地对周围区域温度的降低大小；V为绿地的植被覆盖度；A为绿地面积。用该模型得到的预测值与实测值之间的相关系数达0.931，平均误差为-0.02℃，故该模型可以很好地利用绿地斑块的植被盖度和面积数据预测对周边温度的影响程度。

（3）地块级补偿空间　城市密集建成区内规划的小型绿地，区域内生态用地规模应大于等于10 hm²，这样可使绿地斑块对周边环境温度的影响范围和程度的效率达到最大和最优化，分散状绿地比集中状绿地的效果好。绿地布局在地块内十字路口的边缘、楼群周边、小区边缘，以乔木、灌木、草地结合、边缘不规则。

应用观测和数值模拟表明：水体对气温在上风方向影响范围小，下风方向影响范围大。因此，生活居住区应布局在水体的下风向，使水体气候效应的发挥更体现在人居舒适度改善上。同样面积的水体分散状比集中效果好，人行道和开放空间使用可渗透的铺路材料，和绿化结合，充满水的可渗透铺面将使其上方1 m处的气温降低0.2℃。夏季，为扩大水体影响范围，可沿着主风道以水帘、水幕、喷泉形式布置，效果更好。

7.1.2 城市气候敏感空间

城市气候敏感空间，主要为城镇周边与气候补偿空间相接的开阔空间区域，热岛强度偏弱或呈无热岛状态，植被覆盖度一般，见图7-4。这些地块如果开发不合理，将导致气候环境恶化，是未来建设主要管控和改善的目标区域，开发建设中应考虑生态隔离空间的规划，通过开敞空间加大南—北向通道的预留，严防热岛升级和通风潜力恶化。

附注：图内所有界线不作为划界依据。

图7-4 中心城区气候敏感空间分布

疏而高低错落的建筑有利于通风，密而高度一致的建筑布局不利于通风。例如散状的城市布局能够使得平均温度最低、强热岛范围最小，湿度最大，风速最大。容积率相同的情况下，建筑密度高于30%的低层住宅通风较差，建筑密度低的多层片区通风良好。因此，城市空间中的通风环境敏感区域，应禁止高密度的建设开发，避免围合建筑及大体量屏风楼建筑群，保持空间的开阔程度，尽可能降低建筑物覆盖率，建筑密度宜保持在30%左右。建筑物间增加绿化，绿化时宜种植低矮草本和灌木，避免布局阻碍通风的密集高大乔木等，增加草地、矮小灌木等绿地覆盖，形成热压差，增强局地微循环。

7.1.3　城市气候作用空间

城市气候作用空间，是指亟须对其气候环境状况进行改善的较差气候空间，主要为强热岛、通风潜力较差、植被覆盖度较低的城市建成区或高强度开发区域，是通风廊道重点关注的区域，见图7-5。

随着城市化进程的加速，新建建筑的体量大幅上升，而建筑设计和布局与风要素关系最为密切，风在城市受楼宇、街道影响，遇到建筑时会改变方向和路径，多个楼宇阻挡使得空气流动通道变窄，气流穿过时受到挤压，形成涡旋风、穿堂风和角流风等，建筑的背风面则也极易形成面积较大的小风区，很多小区或建筑间形成风速较小的小风区，通风不畅、气候舒适度降低，影响了居民的生活品质。

通风廊道规划过程中，在通风潜力差且热岛较强的气候作用空间区域，为了改善城市小风区内部部分区域因通风不畅引起的气候舒适度降低等问题，可针对局地气候条件，开展街区和建筑规划设计方案的风环境评估，对建筑物和街道设计进行科学评估和优化，提出相应改善区域通风环境的规划建议。

89

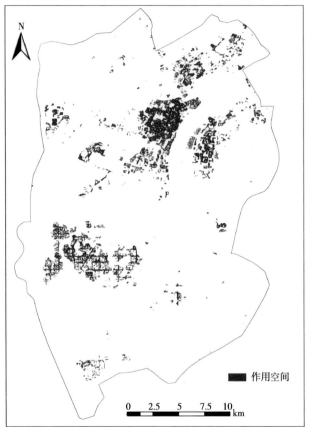

图7-5 中心城区气候作用空间分布

7.2 典型区域风环境模拟分析

为了更好地了解吉安市典型建筑街区内部通风环境，本研究采用计算流体力学CFD（Computational Fluid Dynamics）相关软件，对典型街区进行风环境的模拟，分析街区风环境的特征，为通风廊道管控策略中建设形态、规划建议措施等方面提供基本的技术支持。

7.2.1　典型区域选择

　　研究选取了两个典型区域的建筑群，利用计算流体力学软件分别对两个典型区域进行风环境模拟，获得街道走向及建筑布局对街区风速分布、通风影响的一般规律。典型区域Ⅰ选取的是根据通风潜力计算结果识别的通风较差区域，北起名人东方巴黎，南至吉安师范附属小学，西起世纪花苑，东至状元桥路（图7-6）；典型区域Ⅱ选取的是需要通风重点优化的区域，位于河东江边滨江首府和上江界小区（图7-7），两个典型区域都具有吉安市良好的问题街区代表性。

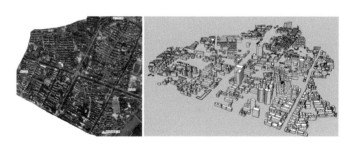

图7-6　典型区域Ⅰ影像及建筑三维模型示意图

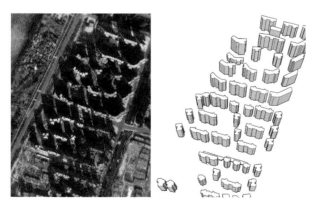

图7-7　典型区域Ⅱ影像及建筑三维模型示意图

7.2.2 数值模拟方法

开展街区风环境评估，需要利用建筑物理软件建立三维建筑模型，在模拟软件中导入气象参数，然后对建筑进行特定风向及时段的风环境模拟计算。本文选定ArcGIS、3DMAX和DX流体力学软件分别用于建模以及模拟分析。

流体力学软件进行求解前应针对待解决物理问题有针对性地制定合理化的数值模拟方案，之后再根据下列步骤（图7-8）对风环境展开模拟分析。

前处理				模拟计算	后处理
解析目的	形状建模	网络制作	解析条件的设置	数值模拟	可视化文件结果呈现
·规划内容监测 ·解析形状、范围、目的、使用设定、方法不同	·CAD资料的制作 ·DXF、STL等模型文件直接汇入	·解析范围设置 ·三次元网格的直转文件	·风向、风速、太阳辐射等	·计算机自动化模拟 ·中途文件输出	·结果表示分布 ·数据CSV文件输出 ·动画粒子制作

图7-8 街区精细化风环境模拟技术路线

利用典型区域建筑数据，借助ArcGIS软件，进行三维实体模型构建，获得典型区域的3D实景文件WRL，并导入3DMAX软件中，生成CFD模拟软件流体力学支持的STL文件。

（1）汇入模型文件 将典型区域的STL模型文件导入流体力学软件，完成比例尺与方位角等汇入参数设置。

（2）设置解析领域，调整解析网格 因建筑物周边风场与建筑物的几何形状、周边地形等皆有密切的相互关系，所以在计算某建筑物周边风环境时，必须将建筑物及周边范围内所有的地形、地物进行网格化后才得以解析计算。建筑物存在于一定空间范围的风场中，气流状态的变化主要集中在这一区域，计算区域过大会导致划分的网格数量过多，增加计算机的运算负荷，计算域过小风场变化显示不清晰，因此，模拟气流在建筑物周边的变化状态就要合理确定风场的边界。本研究通过焦点领域、街区领域、全体领域不同尺度模拟建筑物周边风场。

焦点领域：含有解析对象建筑物的范围，此范围是使用者最关注的区域，其中的网格需要高密度的生成，网格间距2～5 m。

街区领域：含有解析对象建筑物周边街区的范围，此范围不是使用者最关注的区域，但是此区域的解析直接影响焦点领域的计算准确性，因此非常重要。此范围宽度应确保是建筑高度的5～10倍，其中网格划分相对较宽（网格间距为5～20 m）。

全体领域：解析所进行的全体气流的流动空间。宽度应确保是最高建筑高度的10～20倍。网格的划分相对最为粗略（网格间距为20～30 m）。

此外，解析网格调整过程中，保证建筑物所在的空间、越接近地表的空间等网格间距越小，网格与相邻网格的宽度呈现渐变态势。

（3）设置风场条件　分别模拟了两典型区域以北风为主导风向时的风况，其中基准风速设定参考统计分析得出的平均风速2.4 m/s。

风速随海拔愈低而被地表影响且减速的现象，可以进一步用指数叙述。另外，为了更贴近真实情况，流体力学在风环境模拟中增加了等风速高度（粗糙高度）的考量。风速的指数系数代表不同地况对边界层风速的影响，其表示地表附近大气的紊流程度，其影响程度与周边地区的建筑和其邻近地形相关，可被定义为四种粗糙度。表7-1列出粗糙度的分类、风速指数与边界层高度。本研究根据典型区域特征，选择地况C。

表7-1 大气层边缘的参数

地况分类		地况特性	指数	边界层高（m）
平滑	A	海面和海岛、海岸、湖岸及沙漠地区	0.12	300
	B	田野、乡村、丛林、丘陵以及房屋比较稀疏的乡镇和城市郊区	0.15	350
粗糙	C	有密集建筑群的城市市区	0.22	450
	D	有密集建筑群且房屋较高的城市市区	0.30	550

数据来源：《建筑结构荷载规范》（GB 50009—2012）。

（4）设置模拟计算参数 计算对象物理量：流场；高速化模拟：一般设定；差分：1次风上差分；紊流处理：LES；计算时间：1 800 s；结果文件输出：6次覆盖结果文件。

（5）执行模拟方案，输出模拟结果 进行计算机自动化模拟，不断输出结果文件，程序结束后产生的收敛曲线呈收敛状，结果可信。

（6）读取结果文件，进行后处理 加载生成的结果文件（*.rst）进行读取，进行分布表示，查看模拟结果，对结果进行等值线、向量等表示设置，分别输出1.5 m、10 m、20 m和50 m高度风环境解析图。

7.2.3 模拟计算结果与分析

利用城市三维地形，模拟典型区域的不同高度风场分布。受建筑物和其他阻挡物的影响，根据流体力学原理动态展示了典型区域不同高度的三维风场分布，并分析在不同高度的区域横截面的风场变化。图7-9为典型区域Ⅰ距地1.5 m、10 m、20 m和50 m高度处风速面状分布图，来风风向为北风。根据风环境模拟结果可知：不同高度风场相对来说，距地面的1.5 m高度处和10 m高度处风场总体较20 m高度处更为"凌乱"，空间差异化更为明显，湍流更加复杂。建筑的自然通风主要与风压差有关，所以对风环境研究的主要参数是风速和风压。当风速小于1 m/s时，易在小区中形成无风区或者涡旋，夏季气温较高，影响人体的热舒适性，人体长时间在此区域活动，会引起身体不适。而当风速大于5 m/s时，会对人体造成较强的吹风感，更甚者会导致建筑外部构件脱落，产生安全隐患，因此，规定风速放大系数在0.5～2为宜。室外风环境对人体舒适感的影响主要集中在行人高度即1.5 m高度处，从这一高度流场中可以看出，最大风速出现在井冈山大道，其风速放大系数普遍在1～2，是由于其穿越市区南北且路基较宽，风不受遮挡顺畅通过，因此，风速损失较小。明月花园小区附近区域，由于建筑高度较低，开敞空间较大，风速放大系数在0.5～1。由道路、开敞空间等形成的风速较大的地区，在10 m高度风场较近地面1.5 m行人高度风速有所减弱，表明小型开敞空间对地面风速的提高影响更大。北部位于主导风向上游，因此，在建筑的北侧通风环境普遍较好；而在建筑背风面、围合形态建筑内部或密度较大建筑群内部，风速放大系数普遍小于0.5（图7-10）。

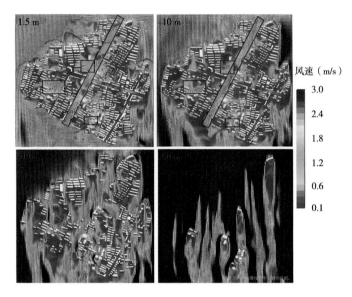

图7-9　典型区域Ⅰ北风风场数值模拟分布图

图7-10　典型区域三维风场分布图

图7-11为典型区域Ⅱ距地1.5 m、10 m、20 m和50 m高度处风速分布图，来风风向为北风。根据典型区域风环境模拟结果可知：区域主导北风时，北部片区整体风环境优于南部，由于其位于主导风向上游，风不受遮挡和挤压，环境通透度较高，因此，通风环

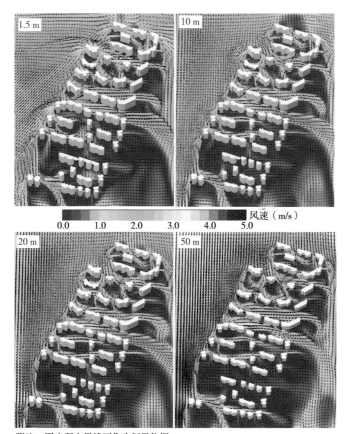

附注：图内所有界线不作为划界依据。

图7-11 典型区域Ⅱ北风风场数值模拟分布图

境较好。其中滨江首府幼儿园附近区域由于建筑高度较低，建筑之间间隔较大，且与前排建筑错落，北风不受建筑遮蔽可直接进入，因此，风速较大，达到3.2 m/s。流场中最大风速出现在滨江首府与上江界两小区之间的坪田路，由于街道两侧建筑平均高达80多米，风压差增大形成狭管效应，使得流入该区域的风速较高，处于2.2～3.2 m/s风速段，风环境较好。南段风速相对较低，上江界小区临坪田路的一排建筑密度较大，且大部分建筑呈东西向展宽，对北风起到了显著的遮挡效应，加之建筑间间隔较小，像屏障一样阻挡北风进入，使得其南部下风向小风区连片分布，除建筑密度较低、建筑间隔较大的少数楼宇风速可达2 m/s左右外，其余片区风速很低，大部分为0.6 m/s以下的低风速和无风区域，风环境较差。由于建筑排布方式对风的走向和分布产生了很大影响，未来开发应尽量避免此类高密度、超高建筑群的建设，并关注此类小区的通风问题和热岛问题，建议在建设施工前进行建筑通风设计影响评价，以优化片区气候环境，提升人体舒适度。

7.3 促进自然通风的城市空间模式指引

城市规划与区域气候环境间存在明显的相互影响和制约，为确保区域规划科学合理，应在空间开阔程度以及建筑物覆盖率、建筑排列布局方式等方面减少因规划设计不当而导致的气候环境问题[50, 63]。城市密集街区的通风效果主要取决于网格密度、建筑高度以及格网的对齐形式，以通风廊道及两侧现状实际建设情况为基础，从促进自然通风角度，建筑排列应与风玫瑰相结合，引导地块的规划结构、建筑群体和建筑单体的城市空间模式指引，协调城市发展与环境改善之间的矛盾，保障城市可持续发展。

7.3.1 布局

小区可通过控制地块布局来增加风流量。由高低错落建筑、道路和开阔的空间组成，减少阻挡，顺应空气流通方向，形成联通的风通道，如图7-12所示。

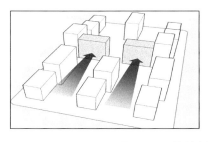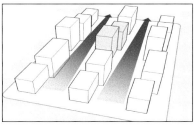

图7-12 控制布局以增加风流量

7.3.2 通风廊道与盛行风协调

对于较高密度的建筑布局，应平行于主导风向设置风道，弥补密度过高的不利影响，如图7-13所示。这里主风廊与盛行风一致为南—北走向。建筑长边与主导风方向形成的夹角不超过30°为宜，减少转折点，这样既可以保证所邻街道有一定的风速，同时容易形成建筑内部的穿堂风，风速比较均匀。

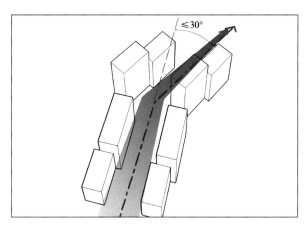

图7-13 风道与主导风一致

7.3.3 连接的开放空间

如图7-14所示，可通过设计，将小区内存在的散状的开放空间通过风廊将其连接起来，结合绿化休闲功能在地块内划定非建筑用地，建筑和水体、绿地热压差异形成微风通道。

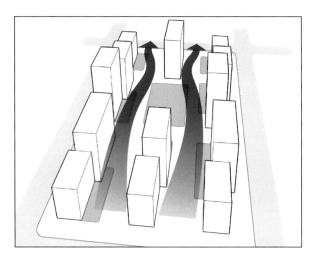

图7-14 风道连接开放空间

7.3.4 布置建筑引风

如图7-15所示，在同样的建筑密度下，采用错列网格比对齐网格的通风效果一般提高15%～20%。利用阶梯状的高度错落来改善建筑群的通风情况。建筑群体内不宜采用无组织的高低错落，采取越接近主导来风方向的建筑物的高度应越低，或外低内高的布局方式为佳。

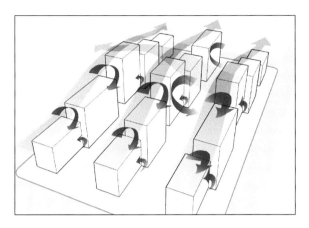

图7-15　布置建筑引风

7.3.5　避免整齐划一高度/一马排开对齐建筑

应尽量避免地块内建筑物高度一致，没有高差，减弱空气流动（图7-16）。

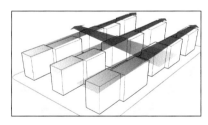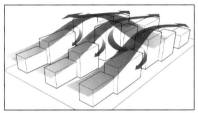

图7-16　整齐划一建筑（左）和阶梯状建筑（右）

7.3.6　建筑后退

建筑勿贴近马路、风道（图7-17a），而应退让，露出人行道、绿地（图7-17b）。

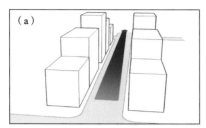 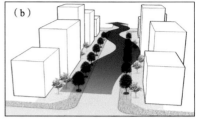

图7-17 建筑后退

7.3.7 建筑间风的渗透

如图7-18所示,建筑间最好有15 m间隔,迎风面建筑间隔总和占场地面宽30%以上为宜。

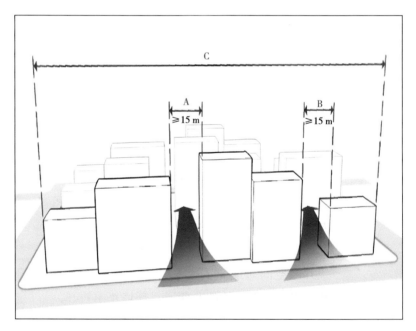

图7-18 建筑间隔

7.3.8 台式建筑

相邻两个建筑高度比为2左右时，其促进建筑间场地通风的效果最佳。如图7-19所示，前排建筑和后排有高低差异，形成台阶，前排建筑若为后排建筑高度1/2为佳，高度差捕获风。

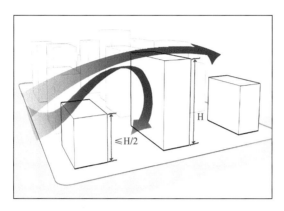

图7-19 建筑前后排形成高差

7.3.9 不同用地

如图7-20所示，建筑和水体、绿地热压差异形成微风通道。

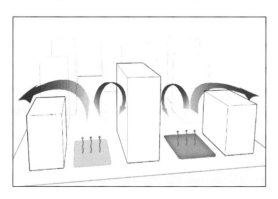

图7-20 建筑与水体、绿地热压差形成微风通道

7.3.10　地面使用冷却材料

地面路面的太阳反射增加10%会使表面温度降低3～6℃，室外地面应使用反照率高、颜色较浅的材料。

7.3.11　提高建筑物的反照率

具有反照率指数的浅灰色的温度比深灰色材料低5～10℃，也可减少对周围环境的辐射热传递。使用浅色表面涂料或热处理表面材料。

7.3.12　微风通道

如图7-21所示，对于底部为大型集中式裙房、上部为分散塔楼的住宅或综合体，应合理构建微风通道，防止底部裙房的围合阻挡街区人行高度的气流。裙房建筑沿主导风向两侧后退，提供贯通的地块内风道；塔楼底层裙房长度超过100 m时，通过架空或设置通廊等方式形成地块内的贯通风道。

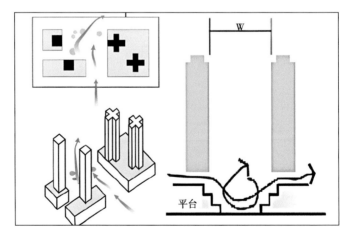

图7-21　避免围合，架空设置通廊

参考文献
References

［1］　占龙飞，束炯，陈亮. 行列式街区风场和污染物浓度场分布特征[J]. 气象与环境学报，2017，33（5）：61-67.

［2］　占龙飞，胡菊芳，陈亮，等. 南昌城市通风廊道体系构建方法初探[J]. 气象与环境科学，2022，45（6）：92-100.

［3］　房小怡，李磊，杜吴鹏，等. 近30年北京气候舒适度城郊变化对比分析[J]. 气象科技，2015，43（5）：918-924.

［4］　杜吴鹏，房小怡，吴岩，等. 城市生态规划和生态修复中气象技术的研究与应用进展[J]. 中国园林，2017，33（11）：35-40.

［5］　刘姝宇. 城市气候研究在中德城市规划中的整合途径比较[M]. 北京：中国科学技术出版社，2014.

［6］　刘勇洪，徐永明，张方敏，等. 城市地表通风潜力研究技术方法与应用：以北京和广州中心城为例[J]. 规划师，2019，35（10）：32-40.

［7］　董菁，左进，李晨，等. 城市再生视野下高密度城区生态空间规划方法：以厦门本岛立体绿化专项规划为例[J]. 生态学报，2018，38（12）：4412-4423.

［8］　程宸，房小怡，王信，等. 基于多元资料的成都市2049远景发展战略规划气候可行性论证[J]. 气象科技，2019，47

（1）：116-122.

［9］ 张硕，房小怡，陈静，等. 城市通风廊道规划技术研究：以石家庄都市区为例[J]. 气象与环境科学，2022，45（3）：51-61.

［10］ 日本建筑学会. 建筑与城市空间绿化规划[M]. 蔡于胜 译. 北京：机械工业出版社，2006.

［11］ 冷红，袁青. 城市微气候环境控制及优化的国际经验及启示[J]. 国际城市规划，2014，29（6）：114-119.

［12］ 北京市气候中心. 气候可行性论证技术指南系列：城市通风廊道规划技术指南[M]. 北京：气象出版社，2015.

［13］ 房小怡，杨若子，杜吴鹏. 气候与城市规划：生态文明在城市实现的重要保障[M]. 北京：气象出版社，2018.

［14］ 冯娴慧. 城市的风环境效应与通风改善的规划途径分析[J]. 风景园林，2014（5）：97-102.

［15］ Heenerson-sellers A，Robinsonp J. Contemporary Climatology [M]. 2nd ed. Harlow: Pearson Education Ltd., 1999.

［16］ Kress R. Regionale Luftaus tauschpozesse und ihre Bedeutung für die Räumliche planung [M]. Dortmund：lnstitut fur Umweltschutz der Universitat Dortmund，1979：15-55.

［17］ Liu Y H，Fang X Y，Xu Y M，et al. Assessment of surface urban heat island across China's three main urban agglomerations [J]. Theoretical and Applied Climatology，2018，133：473-488.

［18］ 佟华，刘辉志，李延明，等. 北京夏季城市热岛现状及楔形绿地规划对缓解城市热岛的作用[J]. 应用气象学报，2005，16（3）：357-366.

［19］ 沈清基，洪治中，安纳. 论设计气候效应：兼论气候变化下的设计应对策略[J]. 风景园林，2020，27（12）：26-31.

［20］ 任超. 城市风环境评估与风道规划：打造"呼吸城市"[M]. 北京：中国建筑工业出版社，2016：19-26.

［21］ 石涛，杨元建，马菊，等. 基于MODIS的安徽省代表城市热岛效应时空特征[J]. 应用气象学报，2013，24（4）：484-494.

［22］ 杜吴鹏，房小怡，刘勇洪，等. 基于气象和GIS技术的北京中心城区通风廊道构建初探[J]. 城市规划学刊，2016（5）：79-85.

［23］ 曾忠忠. 基于气候适应性的中国古代城市形态研究[D]. 武汉：华中科技大学，2011.

［24］ 朱亚斓，余莉莉，丁绍刚. 城市通风道在改善城市环境中的运用[J]. 城市发展研究，2008（1）：46-49.

［25］ 党冰，房小怡，吕洪亮，等. 基于气象研究的城市通风廊道构建初探：以南京江北新区为例[J]. 气象，2017，43（9）：1130-1137.

［26］ 汪琴. 城市尺度通风廊道综合分析及构建方法研究[D]. 杭州：浙江大学，2016.

［27］ 任超，袁超，何正军，等. 城市通风廊道研究及其规划应用[J]. 城市规划学刊，2014（3）：52-60.

［28］ Architectural Institute of Japan. Analysis and Design for Wind Environment in Urban Area [M]. Tokyo：Architectural Institute of Japan，2002.

［29］ Na Kamuka Y，2008. A Study of "Kaze-no-michi" as an urban planning technique for human and environmental symbiosis：taking Japan as the examples [D]. Osaka：Osaka Prefecture University.

［30］ 姚佳伟，黄辰宇，庄智，等. 面向城市风环境精细化模拟的地面粗糙度参数研究[J]. 建筑科学，2020，36（8）：99-106.

［31］ 俞布，贺晓冬，危良华，等. 杭州城市多级通风廊道体系构建初探[J]. 气象科学，2018，38（5）：625-636.

［32］ Grimmond C S B. Aerodynamic properties of urban areas derived from analysis of surface form [J]. Journal of Applied Meteorology，1999，38：1262-1291.

［33］ Gal T，Rzepa M，Gromek B，et al. Comparison between sky view factor values computed by two different methods in an urban environment [J]. Acta Climatologica et Chorologica，2007，40-41：17-26.

［34］ Oke T R. Boundary Layer Climates [M]. London：Methuan & Co. LTD，1987.

［35］ Gal T，Lindberg F，Unger J. Computing continues sky view factor using 3D urban raster and vector databases：comparison and application to urban climate [J]. Theoretical and Applied Climatology，2009，1-2：111-123.

［36］ ZakšeK，OštirK. Sky-view factor as a relief visualization technique [J]. Remote Sensing，2011，3：398-415.

［37］ Matzrrakis A，Mayer H. Mapping of urban air paths for planning in munchen [J]. Wissenschaftlichte Berichte Institut for Meteorologie und Klimaforschung，Univ Karlsruhe，1992，16：13-22.

［38］ Oke T. Street design and urban canopy layer climate [J]. Energy and Buildings，1988，11：103-113.

［39］ Chen L，Ng E. Quantitative urban climate mapping based on a geographical database：a simulation approach using Hong Kong as a case study [J]. International Journal of Applied Earth Observation and Geoinformation，2011，13：586-594.

［40］ Chen L，Ng E，An X，et al. Sky view factor analysis of street canyons and its implications for daytime intra-urban air temperature differentials in high-rise，high-density urban areas of Hong Kong：a GIS-based simulation approach [J]. International Journal of Climatology，2012，1：121-136.

［41］ Shi Y. Mapping the air pollution in high density urban environment of Hong Kong for environment urban planning and design using land use regression approach [D]. Hong Kong：The Chinese University of Hong Kong，2016.

［42］ 向艳芬，郑伯红，郭睿，江燊晗. 基于空间封闭度的城市通风廊道构建：以衡阳县城为例[J].热带地理，2023，43（8）：1523-1535.

［43］ 车生泉. 城市绿色廊道研究[J]. 城市规划，2001，25（11）：44-48.

［44］ 李延明，张济和，古润泽. 北京城市绿化与热岛效应的关系研究[J]. 中国园林，2004，20（1）：72-75.

［45］ 白杨，王晓云，姜海梅，等. 城市热岛效应研究进展[J]. 气象与环境学报，2013，29（2）：101-106.

［46］ 朱强，俞孔坚，李迪华. 景观规划中的生态廊道宽度[J]. 生态学报，2005，25（9）：2406-2412.

［47］ 李军，荣颖. 城市风道及其建设控制设计指引[J]. 城市问题，2014（9）：42-47.

［48］ 中国气象局. 中国风能资源评价报告[M]. 北京：气象出版社，2006.

［49］ 梁诚. 城市风廊构建及通风效应评估[D]. 重庆：重庆大学，2022.

［50］ 郑栓宁，苏晓丹，王豪伟，等. 城市环境中自然通风研究进展[J]. 环境科学与技术，2012，35（4）：87-93.

［51］ 黄清明. 西安中心城区城市风道体系总体规划策略研究[D]. 西安：西安建筑科技大学，2018.

［52］ 詹庆明，欧阳婉璐，金志诚，等. 基于RS和GIS的城市通风潜力研究与规划指引[J]. 规划师，2015，1（11）：95-99.

［53］ 黄焕春，马原，杨海林，等. 特大城市通风廊道的地理设计方法探索[J]. 规划师，2021，37（13）：66-71.

［54］ 张弘驰. 基于迎风面积的滨海山地城市风廊发掘及设计策略[D]. 大连：大连理工大学，2020.

［55］ 梁思斯，吴扬，李毅明. 城市通风廊道规划设计及案例研究[J]. 绿色建筑，2018，10（1）：51-53

［56］ 陈宏，周雪帆，戴菲，等. 应对城市热岛效应及空气污染的城市通风道规划研究[J]. 现代城市研究，2014（7）：24-30.

［57］ 刘勇洪，张硕，程鹏飞，等. 面向城市规划的热环境与风环境评估研究与应用：以济南中心城为例[J]. 生态环境学报，2017，26（11）：1892-1903.

［58］ Ng E，Yuan C，Chen L. Improving the wind environment in high-density cities by understanding urban morphology and surface roughness：a study in Hong Kong [J]. Landscape and

Urban Planning，2011，101（1）：59-74.

［59］ 张沛，黄清明，田姗姗，等. 城市风道研究的现状评析及发展趋势[J]. 城市发展研究，2016，23（10）：79-84，104.

［60］ 雷先鹏，何列波，吴春玲. 城市通风研究方法及改善措施研究进展[J]. 建筑热能通风空调，2011，30（1）：15-21.

［61］ 刘姝宇. 城市气候研究在中德城市规划中的整合途径比较研究[D]. 杭州：浙江大学，2012.

［62］ 袁钟. "多尺度"的城市风道构建方法与规划策略研究：以西安市为例[D]. 西安：西北大学，2017.

［63］ Yoshikado H，Oshikado H，Tsuchida M. High levels of winter air pollution under the influence of the urban heat island along the shore of Tokyo Bay [J]. Journal of Applied Meteorology，1996，35：1804-1813.